Şeref Aykut

Kobalt Esaslı Süper Alaşımlı Çeliklerin Frezelenmesi

Şeref Aykut

Kobalt Esaslı Süper Alaşımlı Çeliklerin Frezelenmesi

Türkiye Alim Kitapları

Impressum / Künye
Bibliografische Information der Deutschen Nationalbibliothek: Die Deutsche Nationalbibliothek verzeichnet diese Publikation in der Deutschen Nationalbibliografie; detaillierte bibliografische Daten sind im Internet über http://dnb.d-nb.de abrufbar.

Deutsche Nationalbibliothek tarafından yayınlanan bibliyografik bilgiler: Deutsche Nationalbibliothek, bu yayını Deutsche Nationalbibliografie'de listeler; detaylı bibliyografik bilgi İnternet'te http://dnb.d-nb.de sitesinde mevcuttur.

Coverbild / Kitap kapağı resmi: www.ingimage.com

Verlag / Yayıncı:
Türkiye Alim Kitapları
ist ein Imprint der / yayınevinin bir ticari markasıdır
OmniScriptum GmbH & Co. KG
Bahnhofstraße 28, 66111 Saarbrücken, Deutschland / Almanya
Email / E-posta: info@omniscriptum.com

Herstellung: siehe letzte Seite /
Basım yeri: son sayfaya bakın
ISBN: 978-3-639-81262-6

İçidekiler

Semboller

SEMBOL	TANIMI
A	Anma çapı (mm)
a_e	Kesme genişliği (mm)
a_p	Kesme derinliği (mm)
D	Çap (mm)
f	İlerleme hızı (mm/min)
F_f	İlerleme kuvveti (N)
F_R	Eğik kesme vektörü
F_r	Radyal kuvvet (N)
F_t	Teğetsel kuvvet (N)
F_x	X Yönündeki kesme kuvveti (N)
F_y	Y Yönündeki kesme kuvveti (N)
F_z	Z Yönündeki kesme kuvveti (N)
f_z	Diş başın ilerleme hızı (diş/mm)
H	Tutucunun yüksekliği (mm)
I	Kesici ucun genişliği (mm)
i	Eğik kesme açısı
j	Düzlem yüzey asimetrik frezelemede kesici ucun meydana getirdiği çap yörüngesi ile iş parçasının kenarı arasındaki mesafe (mm)
K	Kesici ucun yerleştirme açısı (°)
KB	Krater genişliği (mm)
KM	Krater orta eksen mesafesi (mm)
KT	Krater derinliği (mm)
L	Yüzey pürüzlülüğü için örnek boy (mm)
n	Devir sayısı (dev/min)
R_a	Ortalama yüzey pürüzlülüğü (∝m)
R_z	Ölçülen en yüksek beş çıkıntı ile en derin beş girinti arasındaki ortalama (∝m)
R_{max}	En büyük pürüz derinliği (∝m)
R_t	Profilin en alt sınır çizgisi ile en üst sınır çizgisi arasında mesafe (∝m)
T	Takım ömrü
s	Kesici ucun kalınlığı (mm)
V	Talaş akma hızı (m/s)
VB	Yan yüzey aşınması (mm)
VB_{max}	Maksimum yan yüzey aşınması (mm)
V_c	Kesme hızı (m/min)
z	Kesici uç sayısı
α_n	Normal talaş açısı (°)
β	Sürtünme açısı (°)
γ_f	Eksenel talaş açısı (°)
γ_o	Kesme açısı (°)
γ_p	Radyal açı (°)
η	Talaş akma açısı (°)
μ	Sürtünme katsayısı
Φ	Kayma açısı (°)
Ψ_o	Kavrama açısı (°)
Ψ_{osmt}	Simetrik kavrama açısı (°)
Ψ_{oasmt}	Asimetrik kavrama açısı (°)

Kısaltmalar

ANN	Artificial Neural Network (Yapay Sinir Ağları)
AISI	American Iron and Steel Institute (Amerikan Demir ve Çelik Standardı)
ANSI	American National Standards Institute (Amerika Milli Standartlar Enstitüsü)
CBN	Cubic Boron Nitrür (Kübik Bor Nitrür)
CVD	Chemical Vapour Deposition (Kimyasl Buhar Çöktürme)
EYF	Eş Yönlü Frezeleme
HRC	Rockwell C Sertliği
MRR	Material Removal Rate (Talaş Kaldırma Hızı)
PDV	Physical Vapour Deposition (Fiziksel Buhar Çöktürme)
SEM	Scanning Electron Microscopy (Taramalı Elektron Mikroskobu)
TRS	Transverse Rupture Strength (Enine Kırılma Mukavemeti)
ZYF	Zıt Yönlü Frezeleme

Özet

Bu tezde, yüksek sıcaklığa ve korozyona dayanıklı olan uçak ve uzay sanayisinde sıkça kullanılan kobalt esaslı süper alaşımlardan Stellite 6'nın işlenebilirliği incelenmiştir. Johnford WMC-850 serisi CNC freze tezgahı, Kistler 9265B serisi Dinamometre, Mahr M1 serisi yüzey pürüzlülük cihazı, kesici takımlarıdaki aşınmanın ölçümü için Nikon Nexiv VMR-3020 Video Ölçüm Cihazı, F40M kaplamalı ve H25 kaplamasız sert maden kesici uçlar kullanılmıştır.

Stellite 6'nın talaşlı işlenebilirliği, CNC freze tezgahında düzlem yüzey simetrik ve asimetrik frezeleme işlemleri için kesme derinliği (0,25, 0,50 ve 0,75 mm), ilerleme hızı (60, 70, 80, 90 ve 100 mm/min) ve kesme hızı (30, 35 ve 40 m/min) parametreleri değiştirilerek incelenmiştir.

İlerleme hızı, kesme hızı ve talaş derinliklerine bağlı olarak elde edilen kesme kuvvetleri (F_x, F_y ve F_z), düzlem yüzey simetrik ve asimetrik frezeleme yöntemleri karşılaştırılmıştır. Ayrıca aynı işleme şartlarında kaplamalı ve kaplamasız kesici takımlarla elde edilen kesme kuvvetleri de karşılaştırılmıştır.

İlerleme hızı, kesme hızı ve talaş derinliklerine bağlı elde edilen ortalama yüzey pürüzlülükleri (R_a), düzlem yüzey simetrik ve asimetrik frezeleme yöntemleri ile karşılaştırılmıştır. Ayrıca aynı işleme şartlarında kaplamalı ve kaplamasız kesici takımlarla, ortalama yüzey pürüzlülükleri karşılaştırılmıştır.

Kesici takımlarda meydana gelen aşınmalar ölçülmüş, simetrik ve asimetrik frezelemelerdeki aşınmalar karşılaştırılmıştır. Talaş formları hakkında genel yorumlar yapılmıştır.

1. Giriş

Bir makine elemanı için malzeme seçimi tasarımcının karar vermesi gereken durumlardan biridir. Ayrıca üretim yönteminin belirlenmesi de önemli bir husustur. Talaşlı üretimde temel yedi işlem bulunmaktadır. Bunlar tornalama, frezeleme, delme, planyalama, kesme, broşlama ve taşlamadır. Basma-kayma gerilmeli talaş formasyonu olan üretim yöntemlerinin doğası gereği istenmeyen birçok özellik ve sınırlamalar bulunmaktadır. Talaşlı üretim aslında pahalı bir yöntemdir. Amerika Birleşik Devletlerinde talaşlı üretim için yılda yaklaşık 60 milyar dolar harcama yapılmaktadır. Klasik talaşlı üretimde yüzey kaliteleri 0,8-6,3 ∝m, talaş kaldırma hızı (MRR) 1570-3140 cm^3/min, güç gereksinimi 23-93 W.min/cm^3, çevre hızı 30-300 m/min ve duyarlılık yaklaşık 50 ∝m değerindedir.

Son yıllarda kesici takım malzemelerinin gelişimi ile daha yüksek kesme hızları sağlanmaktadır. Kesme hızı kesici takımın ömrünü doğrudan etkilemektedir [1].

Metallerin verimli işlenmesi için, sadece işlenen malzeme hakkındaki verilere sahip olmak yeterli olmayıp uygun kesici takımın seçilmesi de gerekmektedir. Takım geometrisi talaş kaldırma işlemlerinde doğrudan etkilidir [2].

İşlenebilirlik; iş parçası sertliği ve dayanımı, deformasyon sertleşmesi kapasitesi, kesici takım ile iş parçası arasındaki sürtünme katsayısı gibi mekanik özelliklerin yanı sıra, ısıl özellikler ve malzemenin mikro yapısına da bağlıdır. Malzemelerin sertliği artarsa, talaşın takım üzerindeki aşındırması artar. Takım ömrünü ve işlenebilirliği etkileyen faktörlerden biri de takım ile talaş arasındaki sürtünme katsayısıdır. Sürtünme katsayısı artıkça işlenebilirlik artar [3].

Yüksek kesme hızlarında, kesici ile talaş yüzeyi arasında yüksek sıcaklıklar oluşmaktadır. Bu durum yüksek sıcaklıklarda kimyasal kararlılığı muhafaza eden, termal şoklara karşı iyi direnç gösteren, dolayısıyla iyi mekanik özellik içeren kesici takım malzemesi seçmeyi gerektirir [4].

Firma kataloglarında ve araştırma birimlerinin yapmış oldukları araştırma sonucunda yüksek sertlikteki malzemelerin (40-70 HRC) işlenmesinde sert maden, seramik ve Kübik Boron Nitrür (CBN) takımlar olduğunu görülmektedir [5].

Süper alaşımlar VIII A grubu elementlerince zengin, yüksek sıcaklık uygulamaları için geliştirilmiş, kullanıldıkları sıcaklıklarda yüksek mekanik ve korozyon dayanımı gösteren alaşımlardır. Özellikle uçaklarda kullanılan gaz türbinlerinde aşınma ile birlikte büyük kuvvetlerin bir arada olması süper alaşımların geliştirilmesini sağlamaktadır [6].

Bu malzemeler, yüksek sıcaklığın söz konusu olduğu denizcilik, endüstriyel gaz türbinleri, kara taşıtları, enerji ileten tesisler, petrokimya, roket motorları, uzay araçları gibi pek çok değişik alanlarda da kullanılmaktadır. Özellikle tıpta ve korozyona dayanıklı özel malzeme üretiminde belirgin yere sahiptirler.

Uzay endüstrisinde sıkça kullanılan süper alaşımlar, yüksek çekme mukavemeti, aşınma ve korozyon direnci olan malzemelerdir. Bundan dolayı işlenebilirlikleri zor malzemelerdir. Bu tür malzemelerin talaşlı olarak işlenebilmesi için kesici takımın iş parçası malzemesinden daha mukavim olması gerekmektedir. İşleme sırasında malzemelerde oluşan yüksek sıcaklıkta işlenebilirliği güçleşir. Süper alaşımların işlenmesinde aşağıdakiler işlenebilirliği güçleştirmektedir [7]:

- Yüksek sıcaklıkta direncini muhafaza etmesine rağmen, takımda yumuşama oluşmaktadır,
- Kesme işlemleri genellikle yüksek dinamik gerilme oluşturmaktadır,
- Kesme işlemi sırasında malzemede sertleşme meydana gelmektedir,
- Yüksek sıcaklıkta takım ucunda termal gerilme meydana gelmektedir,
- Kesme işlemi boyunca değişik talaş oluşmaktadır.

Kobalt stratejik bir elementtir. Katıldığı alaşım sistemlerine magnetiklik, aşınma direnci ve yüksek sıcaklık dayanımı gibi özellikler kazandırmaktadır. Bu özellikler süper alaşım uygulamalarında çok önemlidir.

Kaplamalı sert maden kesici uçlar, sürtünme katsayısını küçülmekte ve çıkan talaşı hızlı bir şekilde uzaklaştırılmaktadır. Böylece takım ömrü uzamaktadır.

Talaş kaldırma işlemi sonucu elastik ve plastik deformasyonlar meydana gelmektedir. Kaplamalı sert maden uçlarda talaş kaldırma işlemi esnasında oluşan ısı enerjisinin büyük kısmını takım yerine talaşa ve malzemeye aktarılmaktadır. Böylece takım aşınması minimize edilmektedir. Frezeleme işleminde kesici takım aşınmasına tezgah stabilizesi de etki etmektedir.

Bu tezde süper alaşımlar tanıtılmakta ve kobalt (Co) esaslı olanlar deneysel olarak incelenmektedir. Deney numuneleri 50x70x120 ölçülerinde iki adet hazırlanarak, simetrik ve asimetrik düzlem yüzey frezeleme yöntemiyle yürütülen çalışmalardan elde edilen sonuçlar grafikler halinde sunulmaktadır. Co esaslı süper alaşımlarla ilgili olarak;

- Kesme kuvvetleri ile kesme hızı, ilerleme hızı ve kesme derinliği arasındaki ilişki,
- Ortalama yüzey pürüzlülükleri ile kesme hızı, ilerleme hızı ve kesme derinliği arasındaki ilişki,
- Takım aşınmaları,
- Talaş şekilleri verilmektedir.

Bulunan sonuçlar, düzlem yüzey frezeleme işleminde uygun kesici takım seçimi, uygun talaş kaldırma parametrelerin belirlenmesi ve uygun kesme şartlarının önerilmesidir.

2. Literatür Araştırması

Fu ve arkadaşları, çok ağızlı uçlarda düzlem frezeleme işleminde meydana gelen kesme kuvvetini hesaplamak için bir matematik model önermektedirler. Bu modelle kesici takım geometrisi dikkate alınarak talaş kesiti ve kesme kuvveti hesaplanabilmektedir. Deneysel sonuçlarla matematik modelle elde edilenlerin uyumlu olduğu gösterilmektedir [8]. Çok ağızlı sert maden uçlarla düzlem yüzeylerin frezelenmesinde meydana gelen dinamik kesme kuvvetlerinin hesaplanması için bir model de Targn ve Chang tarafından önerilmektedir [9].

Ko ve Cho düzlem yüzey frezeleme işleminin yapay sinir ağları (ANN) ile kontrolünü araştırmışlardır. Bu araştırma ile düzlem yüzey frezeleme işlemi süresince kesme parametreleri değişimleri izlenmiştir [10].

Cheng ve arkadaşları tarafından düzlem yüzey frezelemede kesme kuvveti ile kesme parametreleri arasındaki ilişkiler deneysel olarak incelenmiştir. Normal kesme kuvveti katsayısı, talaş derinliği ve kesme hızından; dikey kesme kuvveti katsayısı, talaş derinliği, temas uzunluğu ve kesme hızından ve yatay kesme kuvveti katsayısı ise sadece talaş derinliğinden etkilenmiştir [11].

Baek ve arkadaşları düzlem yüzey frezeleme işleminde yüzey pürüzlülüğü tahmininde kullanmak için yeni bir matematik model önermektedirler. Takımın giriş ve çıkış anındaki titreşimler yüzünden yüzey pürüzlülüğü frezelemeye başlarken ve biterken daha yüksek çıkmaktadır [12].

Gatto ve Iuliano nikel esaslı süper alaşımlar için CrN ve (Ti,Al)N kaplamalı ve kaplamasız kesici takımlar kullanmak kesici takımların ömürlerini karşılaştırmaktadırlar. CrN kaplamalı kesici uç, düşük kesme hızı ve yüksek ilerleme miktarlarında güvenli olarak kullanılabilmektedir. (Ti,Al)N kaplamalı kesici takım aynı zamanda kesikli işleme durumunda rahatlıkla kullanılabilmektedir [13].

Vandierendonck ve Stappen iki farklı sermet kesici takımın pvd, cvd ve kaplamasız kesici uçlarla çelik, titanyum alaşımı ve dökme demir yaptıkları deneylerle son paso işlemlerinde kaplamasız sermetler iyi sonuç verdiğini ortaya koymaktadırlar. Frezeleme uygulamalarında kesme sıvısının kullanılması kesici takım köşesinde termal şoklara, kırılmalara ve çatlaklara neden olmaktadır [14].

Ezugwu ve Wang titanyum alaşımları işlenebilirliği kolaylaştırmak için dönerek talaş kaldıran kesici takımlar geliştirmişlerdir [15].

D'Errico ve Guglielmi tarafından yapılan bir araştırmada PVD ile kaplanmış sermet kesici uçların frezelemede iyi performansa sahip olduğu belirtilmiştir [16].

Choudhury ve El-Baradie nikel esaslı süper alaşımları seramik kesici takımla işlerken çentik aşınması, talaş yığılması gibi aşınmalar gözlemlenmiştir. Güçlendirilmiş alümina ve sialon esaslı kesici takımlar göz önüne alındığında malzemede kimyasal reaksiyon ve ayrışma meydana gelmiş, orta kesme hızı ve düşük ilerleme hızı için uygun görülmüştür. TiC seramik kesici takımlar ise yüksek kesme hızlarında uygun bulunmaktadır. Kaplanmamış karbit kesici takımlar kaplanmışlara göre iyi performans göstermiş ve kaplamanın performans üzerinde etkileri görülmemiştir [17].

Gu ve arkadaşları, düzlem yüzey frezeleme işlemi ile önceden ısıtılmış AISI 4140 çeliğinin davranışları ANSI standartlarına göre kaplanmamış C5 ve TiN, (Ti,Al)N ve ZrN ile kaplanmış kesici uçlarla incelemişlerdir. TiN ve onu takiben ZrN kaplamalar iyi performansa sahip bulunmuştur. Kesme hızının 120 m/min değerinde en iyi takım ömrü elde edilmiştir. Düşük kesme hızlarında talaş yığılması oluşmakta, yüksek kesme hızlarında ise aşınma miktarı artmıştır [18].

Alauddin ve arkadaşları işlenmesi zor süper alaşımlardan Inconel 718'in soğutma sıvısı kullanmadan parmak freze ile kesme kuvvetleri incelenmektedirler. İlerleme hızı ve kesme derinliği arttığında kesme kuvvetleri artığı gözlemlenmiştir. Kesme hızı arttığında kesme kuvvetlerinde azalma olduğu gözlemlenmiştir [19].

Diniz ve Filho düzlem yüzey frezelemede takım ömrü, takım aşınması ve son işlemlerin takım ve malzeme üzerindeki etkileri, takım ve malzeme bağlama pozisyonları takım ömrüne ve yüzey pürüzlülüğünün etkilerini incelemektedirler. Asıl kesici kenar üzerindeki aşınmanın, malzemenin yüzey pürüzlülüğüne etkisinin bulunmadığını ve yüzey pürüzlülüğünün ikinci bir kesici kenarın üzerindeki aşınmadan dolayı olduğu belirtilmektedir [20].

Ezugwu ve arkadaşları nikel esaslı süper alaşımların işlenebilirliğinde en önemli etkenlerin, işleme sırasında yüzey hataları ve takım ömrü olarak vermektedirler. Talaş kaldırma esnasında soğutma sıvısının takım ömrünü olumsuz etkilediği belirtmektedirler. Kaplamalı karbitler ve CBN kesici takımlar seramiklere göre daha iyi sonuçlar vermektedir [21].

Zheng ve arkadaşları düzlem yüzey frezelemede çok ağızlı takımlarla talaş kaldırma işleminde meydana gelen kesme kuvvetinin teorik olarak modellenmesini ve simülasyonu üzerinde çalışmışlardır. Kesme kuvvetinin malzeme özelliklerine, kesme parametrelerine, kesici ağız geometrisine, kesme şartlarına ve frezeleme yöntemine göre yorumlamışlardır [22].

Chang düzlem yüzey frezelemede pahlı ve pahsız kesici takımların kuvvetlerini tahmin etmek için bir model sunmuştur. Bu modelde deneysel yapılan çalışma elde edilen sonuçlar birbirine çok yakın çıkmıştır sunmuşlardır [23].

Choudhury ve Rath frezelemede talaş kaldırma sırasında oluşan kesme kuvvetlerinin modelini hazırlamışlardır. Modeli doğrulamak için deneyler yapmışlar ve kesme parametrelerinin belirgin bir şekilde yan kenar aşınmasını etkilediğini görmüşlerdir. Yan kenar aşınması, teğetsel kesme kuvveti katsayısı bilindiğinde tahmin edilebilmektedir [24].

Shunmugam ve arkadaşları çok ağızlı kesici takımlarla düzlem yüzey frezeleme yönteminde genetik algoritma ile optimum kesme şartlarını incelemişlerdir.

Talaş kaldırma işleminde kesme parametrelerinde optimum sağlanmışlardır. Maliyetin en aza indirgenmesi için kesme hızı ve ilerleme miktarı parametrelerinin önemli olduğu üzerinde durmuşlardır [25].

Darwish işlenebilirliği güç olan nikel esaslı süper alaşım malzemesinden talaş kaldırma işlemi lehimlenmiş kesici takımlar, mekanik bağlantı ile birbirine bağlanmış kesici takımlarla gerçekleştirilmiştir. Bu takım ile kesme kuvveti, ortalama yüzey pürüzlüğü ve takım aşınma incelemiştir. Kesme derinliği, ilerleme hızı arttığında kesme kuvvetleri artmakta, ortalama yüzey pürüzlülükleri bozulmaktadır. Kesme hızında ise kesme büyük bir etkilenme olmadığı ve ortalama yüzey pürüzlülüğünde iyileşme görülmektedir. Bunun sebebinin kesici takıma gelen kuvvetin sönümleyen lehim tabakası olduğu belirtilmektedir [26].

Lopez de Lacalle ve arkadaşları frezelemede talaş kaldırma işlemleri için titanyum ve nikel esaslı süper alaşımlar kullanarak yaptıkları araştırmada TiCN kaplamanın titanyum alaşımının frezelemede iyi sonuç verdiğini belirtmektedirler. TiAlN kaplama ise nikel esaslı süper alaşımın delinmesinde iyi sonuç vermektedir [27].

Darwish nikel esaslı süper alaşımlardan Inconel 718 ile yaptığı araştırmada kesme hızı arttıkça yüzey kalitesinin iyileştiğini belirtmektedir. Talaş derinliği yüzey kalitesini etkileyen faktörlerden olup ve talaş derinliğinin arttıkça yüzey kalitesi bozulduğu gözlemlenmiştir. Ayrıca aşınma talaş derinliğinin etkisiyle oluşan bir faktör olup aşınma arttıkça yüzey kalitesi bozulduğu belirtilmektedir [28].

Baek ve arkadaşları düzlem yüzey frezelemede yüzey pürüzlülüğünün dinamik modelini geliştirerek analitik olarak hesaplanabilmesi için bir model sunmuşlardır. Meydana gelen statik ve dinamik kesme kuvveti bileşenleri geliştirmişlerdir [29].

Jawaid ve arkadaşları süper alaşımların düzlem yüzey frezelenmesinde kaplamalı ve kaplamasız sert maden uçlar kullanılarak performansı ve aşınma karakteristiklerini incelemişlerdir. Düşük kesme hızlarında kaplamasız uçlar iyi performans gösterdiği ve yüksek kesme hızında ise kaplamalı takım daha iyi performans gösterdiğini deneysel olarak belirtmişlerdir [30].

Prengela ve arkadaşları TiN, TiAlN, TiB PVD ile tek tabaka kaplama, TiN

TiCN, TiAlN ile çok katlı tabaka ile kaplamalarla karşılaştırılmaktadır. Talaş kaldırma işleminde soğutma sıvısı kullanarak nikel esaslı süper alaşım tek katlı takımla düzlem yüzey frezelemede çok iyi performans göstermektedir [31].

Beak ve arkadaşları düzlem yüzey frezelemede yüzey pürüzlülüğünün modeli üzerinde çalışmışlardır. Düzlem yüzey frezeleme işleminde yüzey pürüzlülüğünün analitik olarak hesap edebilmek için dinamik bir model geliştirmişlerdir. Bu modelde deneysel olarak elde edilen değerlerle karşılaştırılmaktadır. Daha sonra talaş kaldırma işleminde ilerleme oranının yüzey pürüzlülüğüne etkisini ve ilerleme hızının artması ile yüzey pürüzlülüğünün değeri arttığını gözlemlemişlerdir. Optimum yüzey pürüzlülüğü elde etmek için maksimum talaş kaldırması gerçekleştirilebileceğini optimizasyonu yapmışlardır [32].

Çevresel frezeleme işlemini gerçekleştirmek için teorik dinamik kesme kuvveti modeli geliştirilmektedir. Bu oluşturulan modelle kesme kuvvet katsayı herhangi bir malzeme için hangi takımın kullanılacağı, optimum kesme parametreleri ve ideal kesme kuvveti bulunabilmektedir. Böylece işleme hataları minimize edilebilmektedir. İlerleme arttığında kesme kuvveti artmaktadır [33].

Şeker ve arkadaşları düzlem yüzey doğrusal hareket boyunca kesme kuvvetini ölçmek için bir dinamometre tasarlayarak, teorik olarak hesaplanan kesme kuvvetini dinamometre ile yapılan deneylerle karşılaştırarak yaklaşık değerler elde etmişlerdir [34].

Xu ve Geng titanyum alaşımın düzlem yüzey frezelenmesinde takım aşınması ve kesme kuvvetini deneysel olarak yaparak, optimum kesme parametreleri önerilmektedirler. Soğutma sıvısı işlenebilirliği kolaylaştırdığını sunmuşlardır. Malzemenin yüzey sertliği takım aşınmasını ve kesme kuvvetini etkilediğini ortaya koymuşlardır [35].

Lin TiN kaplı karbit takım ile düzlem yüzey frezelemede tasarım ve performansı deneysel incelenmektedir. Kesme parametrelerinin Taguchi metoduna göre optimizasyonu elde edilmektedir [36]. Düşük kesme hızında yüzey pürüzlülüğü yüksekliği doğrusal olarak artmasına rağmen, orta ve yüksek kesme hızında farklı gösterilmektedir. Talaş derinliğine paralel olarak pürüzlülük değerinin artmış olduğunu göstermektedir [37].

Kumar ve arkadaşları sertleştirilmiş çeliği alüminyum esaslı seramik kesici takımlar işlenmesini incelemektedirler. Kesme hızı arttığında takım aşınması artmakta, kesme kuvvetinde azalma ve ortalama yüzey pürüzlülüğünde de iyileşmekte olduğu gözlemlenmiştir [38].

3. Frezeleme ve Talaş Kaldırma Yöntemi

3.1. Frezeleme ve Frezelemede Talaş Kaldırma Olayı

Frezeleme işlemi; kesici takımın kendi ekseni etrafında dönme hareketine karşılık, iş parçasının ilerlemesi ile meydana gelen talaş kaldırma işlemine frezeleme denir [39]. Talaş kaldırma ise kesici bir takım yardımıyla iş parçaları üzerinden, imalat resmindeki ölçü ve toleranslara uygun olarak fazla kısımlarını teknolojik kurallara göre ana parçadan ayrılma işlemine denir. Frezeleme yöntemi, üzerinde kesici uçlar bulunan kesici takımın kendi ekseni etrafında dönmesi ile iş parçasının bağlı olduğu tablanın X, Y ve Z eksenleri yönlerinde hareket etmesiyle iş parçaları üzerinden talaş kaldırmasıdır. Frezeleme yöntemi ile talaş kaldırma olayının diğer talaşlı imalat yöntemlerinden ayıran temel özellik aynı anda birden fazla kesici ağızla talaş kaldırmasıdır. Bu da frezeleme yönteminin verimliliğinin yüksekliğini göstermektedir [40,41].

3.1.1. Eş ve Zıt Yönlü Frezeleme Yöntemi ile Talaş Kaldırma

Frezeleme işlemlerinde, frezenin dönüşüne ve tablanın ilerleme yönüne göre frezelemede iki metotla talaş kaldırmak mümkündür. Aynı yönlü frezeleme ve zıt yönlü frezeleme yöntemleridir. Her iki metodun malzeme ve kesici takıma göre birbirlerine farklılıkları ve üstün tarafları vardır.

3.1.1.1. Eş Yönlü Frezeleme

Aynı yönlü frezeleme işleminde, iş parçasının ilerlemesi freze çakısının dönüş yönü doğrultusundadır (Şekil 3.1). İş parçasının her dişin kaldıracağı, belirli miktarda talaşa üstten girerek çok talaştan az talaşa doğru bir kesme yapar. Kesme sırasında uçlar, talaşı üstten kavradığı için, iş parçasının bağlı olduğu tablaya doğru bastırmaya çalışır. İşin sökülmemesi açısından iyidir. Normal ilerleme yapılırken, kesici uçların kaldıracağı, bir devirdeki miktar bellidir. Bu miktarı uçların, iş parçasının yüzeyinde, en büyük değerden, işlenmiş yüzeyde sıfır olacak biçimde kaldırır. Freze tutucusu, çok talaştan az talaşa giderken başlangıçta bağlı olduğu mili esnetmeye çalışırsa da talaş azalarak bittiğinden, düzgün olarak dönen freze tutucusu pürüzsüz bir yüzey çıkarmaktadır [42].

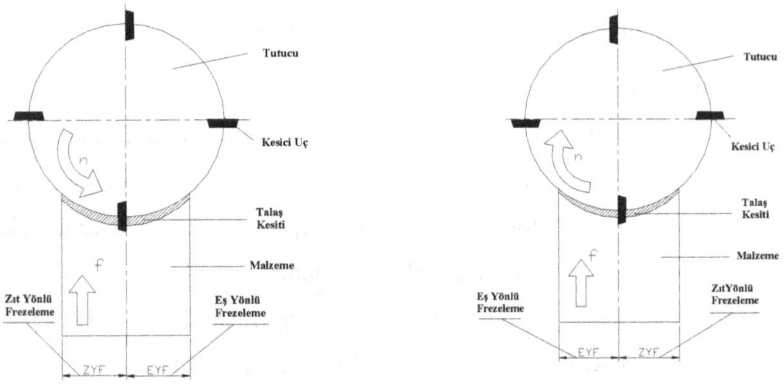

Şekil 3.1. Eş ve Zıt Yönlü Simetrik Frezeleme

Eş Yönlü Frezeleme Yönteminin Özellikleri;

- Çıkan talaşın tipi kırıntı ve virgül şeklindedir,
- İşlenen yüzey temizdir,
- Dönen çakı eş yönlü olduğundan iş parçasını sökmeye çalışmaz,
- Otomatik ilerlemede yatay kuvvetin küçük olması enerji sarfiyatını azaltır,
- Parçayı tablaya bastırarak kesme yaptığı için titreşim daha az ve yüzey kalitesi daha iyi olur,
- Yüzeyi sert olan malzemelerde kesici takım çabuk körleneceği için takım ömrü azalır,
- Tablası tek milli freze tezgahlarında, somunla tabla mili arasında boşluk miktarı kadar, çakı tablayı iş parçası ile birlikte aniden altına çeker, çakı fazla talaştan dolayı zorlanacağından büyük tehlikeler meydana gelebilir. Bu yüzden bu tip tezgahlarda eş yönlü frezeleme yapılmaz,
- Zıt yönlü frezelemeye göre daha büyük ilerleme vermek ve talaş derinliğini arttırmak mümkündür,
- Fazla talaş derinliği verilerek talaş kaldırılması mümkün ve ekonomik olur [49,50].

3.1.1.2. Zıt Yönlü Frezeleme

Frezelemede iş parçasının ilerlemesi, çakının dönme yönüne karşı olduğu zaman yapılan frezeleme işlemidir. Burada freze kafası, iş parçasını boyuna itmeye ve tabladan yukarıya doğru kaldırmaya çalışır. Kesme sırasında, talaş kalınlığı parçanın üst yüzeyine doğru, düzgün olarak artacağından, freze çakısında bir zorlanma doğar. Bu iş milini esnetmeye çalışır. Dolayısı ile iş parçasının yüzey kalitesi, ilk bakışta görülemeyecek kadar dalgalı olur. Parçanın bağlı bulunduğu aparattan yukarıya zorlanması, emniyetli bir şekilde sıkılmasını gerektirir.

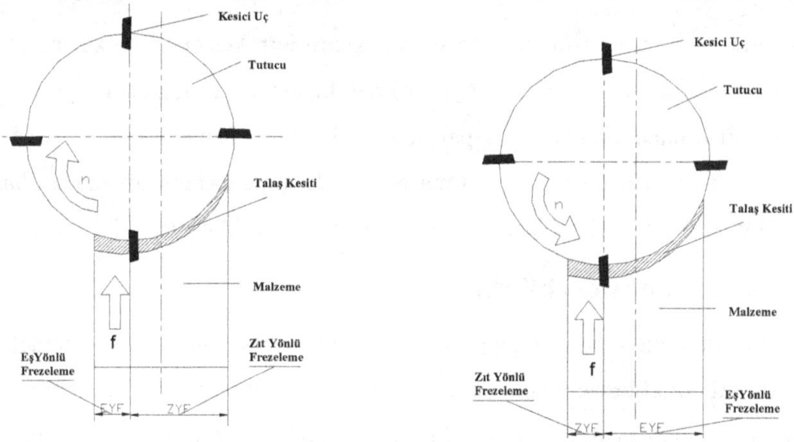

Şekil 3.2. Eş ve Zıt Yönlü Asimetrik Frezeleme

Zıt Yönlü Frezeleme Yönteminin Özellikleri;

- Talaş biçimi virgül şeklindedir,
- Çakının malzemeye dalmasında zorlama meydana geleceğinden, malafa esner ve bu esnemeden malzeme yüzeyinde dalga meydana gelir,
- Talaş malzemenin içinden dışarı doğru kopartılarak çıkacağından, iş parçası mengeneden çıkartılmaya zorlanır,
- Çakı iş parçasını devamlı yukarı zorladığı için titreşim fazla olur,
- Sert yüzeylerde freze kafası kesme yerine kırarak koparır. Böylece kesici takımın körlenme ve kırılması kaçınılmazdır. Takım ömrünü olumsuz etkilemektedir [45, 46].

3.1.2. Simetrik ve Asimetrik Frezeleme

3.1.2.1. Simetrik Frezeleme

Simetrik frezeleme yönteminde kesici takımın dönme ekseni ile iş parçasının ekseni aynı çizgi üzerindedir. Kesici takımın ekseni talaş kaldırma esnasında iş parçasının tam orta noktasından hareket etmelidir. Simetrik frezeleme işleminin olabilmesi için kesici takımın kesme çapı iş parçasının frezelenecek genişliğinden daima büyük olmalıdır. Simetrik frezelemede takım iş parçasına minimumdan girip orta noktasında talaş kesiti maksimuma ulaşıp çıkışta da girişteki gibi minimuma gelmektedir. Bu yöntem kesici takım ve malzemenin cinsine göre tercih edilebilmektedir (Şekil 3.1.).

3.1.2.2. Asimetrik Frezeleme

Burada esas amaç, asimetrik frezeleme işlemi için kesici takım kesme çapının iş parçası frezeleme genişliğinden büyük olmalıdır asimetrik frezeleme yönteminde kesici takımın dönme ekseni ile iş parçasının ekseni çakışmamaktadır (Şekil 3.2). Yani kesici takımın ekseni talaş kaldırma esnasında iş parçasının ortasından hareket etmiyorsa bu frezeleme işlemi asimetrik frezeleme yöntemidir [50, 51].

3.2. Frezelemede İşlenebilirlik

Frezeleme işleminde kesici takımın çok uçlu olması, malzemelerinin işlenebilirliğini karakterize eden özgül kesme kuvvetinin takıma etkisini azaltır. Çünkü kesme sırasında oluşan özgül kesme kuvveti eşit olarak kesme kenarlarına dağıtılır. Tek kesen kesici takımlarda kuvvetin tamamı kesme kenarında meydana gelmektedir. Bu da kesici kenarın aşınmasını hızlandırarak takım sarfiyatını artırmakta ve iş parçası yüzey kalitesini düşürmektedir.

Frezeleme işleminde kesme sırasında kesme kuvvetleri, frezeleme türüne göre kademe kademe artar veya azalır, fakat kesme kenarının talaştan çıkışı ani olur. Frezelemede kesici takım, tornalama işlemindeki gibi sürekli ısıl ve mekanik yük altında değildir. Frezeleme işlemi kesintili ve aralıklı kesme işlemidir [52].

Dolayısıyla kesici kenar kesme sırasında ısınmakta, çıkışta ise soğumaktadır. Böylece kesici takım ısıl ve mekanik yük çevrimine maruz kalmaktadır. Yük çevrimleri ise, içyapısında mikro çatlaklıklara yol açmaktadır. Oluşan mikro çatlaklıkların büyümesi, takım yüzeyinde aşınma doğurmaktadır. Takımın aşınması verimliliği azaltır ve iş parçasının kalitesini azaltıcı yönde değiştirmektedir. Takım aşınmasını en aza indirmek için, kesici takımların yüzey kaplama metotları kullanılarak, sert seramik filmlerle kaplanmaları gerekmektedir. Kesici takım yüzeylerinin ince, sert seramik esaslı malzemelerle kaplanması, iş parçası yüzey ve boyut kalitesini önemli ölçüde etkilemektedir. Kaplama malzemesinin yüzey pürüzlülüğünün düşük olması nedeniyle, kesici takım ile iş parçası arasındaki sürtünme de oldukça düşük olmaktadır. Sürtünmenin azalması ise, takım tezgâhı motoruna etkiyen kuvveti azaltarak, verimliliği arttırmaktadır [48].

İş parçası, takım aşınması, talaş oluşumu ve son bitirme yüzeyi gibi faktörler işlenebilirlik karakteristiklerini belirler. Talaş kaldırma işlemi sonucuna etki eden faktörler aşınma, kesme kuvvetleri, talaş oluşumun özellikleri, son bitirme yüzeyi ve işleme metodudur. Talaşlı imalatta bir malzemenin işlenebilirliği için aşağıdaki kriterleri dikkate almak gerekmektedir:

- Takım ömrü,
- Kesme hızı ve ilerleme hızı,
- Talaş kaldırma miktarı,
- Kesme kuvvetleri ve kesme gücü,
- Yüzey kalitesi,
- Talaş formu.

Malzemelerin talaşlı işlenebilirliği, kesme parametrelerini sabit tutarak bir takım ömrü için malzemelerin kesme hızlarını karşılaştırmaktır. Burada işlenmesi zor olan bir malzeme ele alınmaktadır. Belli bir takım ömrü için en düşük kesme hızı gerektiren malzeme seçilmektedir. Takım ömrü direk maliyete yansımaktadır. Bu yüzden takım ömrünün en uzun olması istenmektedir. Kesme hızının büyük olması kesme anında oluşacak kesme kuvvetlerinin küçük olması halinde talaşlı işlenebilirliğinin iyi olduğunu gösterir. Bu kriterler işlenebilirlik kriterleri farklı kesici takım ve farklı kimyasal özelliklere sahip metallerin talaşlı olarak işlenmesinde dikkate alınmalıdır.

Malzeme yönünde talaşlı işlenebilirliği etkileyen faktörler;

- Malzemelerin mikro-yapısı,
- Malzemelere uygulanan ısıl işlem,
- Malzemelerin alaşım elementleri,
- Malzemelerin mekanik özellikleri gibi faktörler sıralanabilir.

Malzemelerin mikro yapısında sert parçacıkların olması, kristal kafes yapısı, kayma düzlemleri, tane büyüklüğü ve malzeme içerisindeki dislokasyonların varlığı talaşlı işlenebilirliği etkilemektedir. Malzeme içerisindeki bu sert parçacıklar kesici takım ömrünü olumsuz etkilemektedir. Mikro yapıdaki kristaller büyüdükçe kesici takım ömrü artmaktadır.

Metaller tavlanırsa mikro-yapı değişimler olur. Türlerine göre tavlama, normalleştirme ve gerginlik giderme gibi ısıl işlemlerle oldukça değişmektedir. Talaş kaldırma esnasında sıcaklık oluşur. Bu özellik eğer aşırı olursa hem kesici takım hem de işlenen malzemeyi etkilemektedir.

Malzemelerin bileşimindeki elementler kesici takım ömrünü direkt etkilemektedir. Örneğin, çelik içerisindeki karbon miktarı azaldıkça süneklik artar ve talaşlı işlenebilme özelliğini zorlaştırabilir. Çünkü süneklik arttığından ve sünek malzemelerin işlenmesi esnasında çıkan talaş kesici takım ucuna yapışarak körlenmesini hızlandırabilir. Diğer taraftan karbon oranı arttıkça malzemelerin sertliği arttığından, bu durum kesici takım aşınmasını hızlandırabilir. Bu nedenle çelikler için en iyi talaşlı işlenebilme kabiliyeti % 0,2 C içerikli çelik malzemeler olmaktadır. Çelik içerisindeki alaşım elementleri miktarını değiştirerek, kesici takım ömrünün arttırılması, daha iyi yüzey kalitesi elde edilmesi, sıcaklık oluşumunun azalması ve talaş kaldırma işlemi için daha az güç sarfiyatı gereksinimi sağlanmıştır.

Mekanik özelliklerde malzemelerin sertliği ve kopma dayanımı arasında bir ilişki mevcuttur. Bir malzemenin sertliği ve kopma dayanımı arttıkça o malzemenin talaşlı işlenebilirliği zorlaşmaktadır. Örneğin, yüksek alaşımlı çelikler ve paslanmaz çeliklerin talaşlı işlenebilirlik özelliği çok düşüktür, tür malzemeler zor işlenmektedir. Bunun nedeni ise alaşımında Ni, W ve Mn gibi elementlerinin olmasından kaynaklandığı ileri sürülmektedir [49].

Süper alaşımlı malzemelerin işlenebilirliği zor oluşmaktadır. Süper alaşımlı malzemelerin işlenmesini güçleştiren faktörler aşağıdaki belirtildiği gibi sıralanabilir;

- Süper alaşımlar yüksek sıcaklıkta dirençlerini muhafaza etmesine rağmen kesici takımda yumuşama oluşmaktadır,
- Talaş kaldırmada genellikle yüksek dinamik direnç oluşmaktadır,
- Her kesici takımla süper alaşımları işlemek mümkün değildir,
- Kesme işlemi boyunca malzemede sertleşme meydana gelmektedir,
- İmalat esnasında takım ucunda termal gerilme meydana gelmektedir,
- Kesme işlemi boyunca değişken talaş tipi oluşmaktadır [50].

3.2.1. Frezelemede Takım Geometrisinin Talaşlı İşlenebilirliğe Etkisi

Frezelemeden en iyi neticeyi elde etmek için, takım geometrisi seçimi ve kullanımı, uygun kesme şartlarına olmalıdır. Kesici takımda aranılacak en önemli özellik, takım geometrisinin iş parçası malzemesine uygun olmasını sağlamaktır. Freze uçları işlenen malzemelerden, daha sert ve kesme esnasında oluşan gerilmelere dayanıklı olmalıdır. Frezeleme işleminde kullanılan kesici takımlar tungsten karbürden yapılan sert maden uçlardır. Tungsten karbürlerden yapılan kesiciler yüksek hız çeliğinden daha yüksek verim sağlamaktadır. Sert maden uçlar tutucuya çözülebilir olarak bağlanmalıdır. Böylece iş parçası malzemesine uygun uç seçme imkânı sağlanabilmektedir [51].

3.3. Kesme Hızı, Kesme Derinliği ve İlerleme Hızının İşlenebilirliğe Etkisi

Talaş kaldırma miktarı, kesme hızı, kesme derinliği ve ilerleme miktarına bağlıdır. Bu üç bileşenden biri değiştiği zaman talaş kaldırma miktarı da değişir. Talaş kaldırma miktarı bir iş parçası üzerinden kaldırılan malzeme miktarı olup birimi mm^3/min'dır. Kesme hızı, kesme derinliği ve ilerleme miktarının takım ömrü ile ilişkisi;

- Kesme derinliği %50 oranında artırılırsa, takım ömrünü %15 azaltmaktadır,
- İlerleme miktarı %50 oranında artırılırsa, takım ömrü %70 azalmaktadır,
- Kesme hızı %50 oranında artırılırsa, takım ömrünü %90 kadar azaltmaktadır.

Buna göre kesme derinliğindeki değişimlerinin takım ömrüne etkisi çok az olduğu söyleyebilir. İlerleme miktarındaki değişmeler ise takım ömrü üzerine kesme derinliğindeki değişikliklerden daha büyük etkisi vardır. Kesme hızındaki değişmelerde de en büyük etkinin ortaya çıktığını söylemek mümkündür [50].

3.4. Frezelemede Kesme Kuvvetler ve Talaş Kaldırma

Talaş kaldırma anında, iş parçası ile kesici takım arasında oluşan kuvvetlerin bileşkesine kesme kuvveti denir. Kesme kuvveti tezgâh gücünün belirlenmesinde en önemli faktörlerden biridir. Frezelemede freze tablasının hareket yönü, yanı aynı ve zıt yönlü frezelemeye göre oluşan kesme kuvvetleri değişkendir.

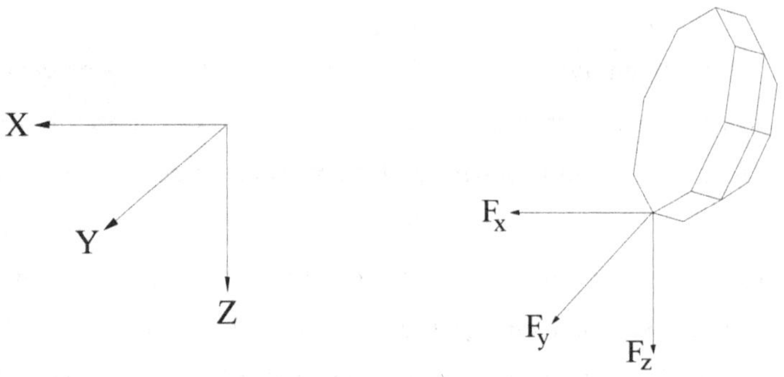

Şekil 3.3. X Y Z Eksenlerinde Oluşan Kesme Kuvvetleri

Frezeleme işlemlerinde aynı anda birden fazla sert maden kesici uç kesme işlemi yapar ve talaş kaldırır. Bu nedenle bir kesici uca gelen kesme kuvvetleri (Şekil 3.3);

F_z : Z Yönündeki kesme kuvveti

F_x : X Yönündeki kesme kuvveti

F_y : Y Yönündeki kesme kuvveti

Frezeleme işleminde talaş kalınlığı devamlı değişmektedir. Talaş kalınlığı belli bir değerden başlayarak daha büyük bir değere kadar artarak değişme gösterir. Kesici takımın talaş almaya başlama girişine göre talaş formu oluşmaktadır.

Talaşlı imalatta frezeleme, yüksek verimliliğe sahip yaygın bir işleme metodudur. Genel bir tanımla frezeleme, "kendi ekseni etrafında dönen çok ağızlı kesici takım ile iş parçasının doğrusal hareketi sonucu gerçekleştirilen talaş kaldırma yöntemidir."

Talaş kaldırma işleminde verimli olabilmesi için, işlenecek iş parçası malzemesine uygun seçilen kesici takıma ve kesici takım geometrisine bağlıdır. Takım malzemeleri genellikle birim hacimde malzeme işlemek için gerekli maksimum kesme hızına göre derecelendirilir. Kesme hızı artarsa talaş kaldırma miktarı da artar. Bu nedenle birim hacimde kaldırılacak talaş için gerekli olan işleme zaman azalır. Kaplanmış takımlarda kesme hızı yaklaşık beş kat artabilmektedir, fakat kaplamasız kesici uçların kullanıldığı yerler vardır, bazı işleme durumlarında düşük kesme hızlarında kaplamalılara göre daha iyi performans göstermektedir [30,51].

İşlenecek malzemeye uygun kesici takıma özgü malzeme türü seçiminde, iş parçasının malzemesine özgü özellikler dikkate alınmalıdır. İş parçası geometrik özellikleri tamlık, doğruluk, bitirme yüzeyi gibi özellikler de etkilidir. Takım tezgahında istenilen kesme hızını ve ilerleme hızını sağlayabilecek, rijit, güçlü ve titreşimleri sönümleyebilen yapıda olmalıdır. Tezgah kontrol üniteleri ve sensörler tezgah seçimini etkilemektedir. Bunun yanında bunların hepsini kontrol edebilecek yardımcı donanımlar olarak tanımladığımız operatörün bilgi ve becerisi, yağlama metodu, işleme metodu da takım malzeme türünün seçiminde önemli birer etken olmaktadır.

3.5. Eğik Kesme Teorisi

Talaş kaldırma işleminde, kesici takımın kesme kenarı, takım ile iş parçası arasındaki açı dik değil de bir meyil varsa buna eğik kesme denir. Şekil III.4'te eğik keme mekaniği gösterilmektedir. Eğik kesmede amaç; kesici takımın iş parçasını iyi kavraması ve talaşın bir an önce koparak ortamdan ayrılmasıdır.

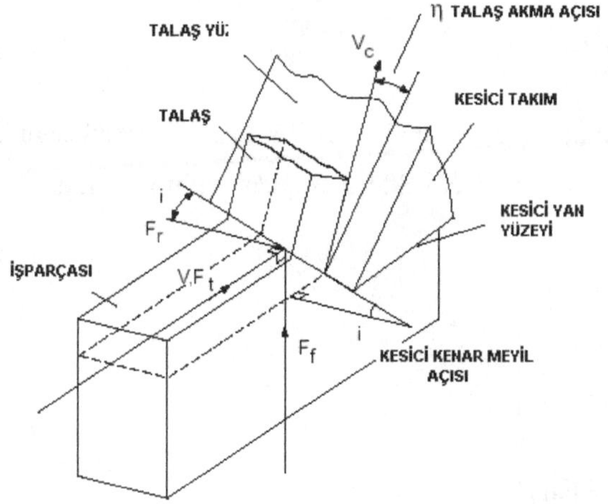

V= Talaş Akma Hızı
η= Talaş Akma Açısı
F_r= Radyal Kuvvet
F_t= Teğetsel Kuvvet
F_f= İlerleme Kuvvet
i= Eğim Açısı

Şekil 3.4. Eğik Kesme Mekaniği [52]

Eğik kesme işleminde, takımın iş parçası üzerine belli bir kuvvet uygulandığında ve kuvvetin yönünde hareket ettirildiği düşünülürse, takımın temas ettiği talaş kesitinde önce elastik sonra plastik deformasyon meydana gelir. Talaş da kesitinde akmaya başlar. Talaş kesiti belirli bir yüzey boyunca işlem ortamından ayrılır. Talaşın iş parçasından ayrılma şekli kullanılan malzemenin işlenebilirlik özelliği ve işleme şartlarına bağlı olarak farklılıklar göstermektedir [53].

Dik kesmede talaş akma açısı 0'dır. Geliştirilen geometrik yaklaşım sayesinde talaş akma açısı ile meyil açısının birbirlerine eşit olduğu ileri sürülmüştür. Eğim açısı talaş akış yönünü etkilediği gibi Φ kayma açısının da büyümesine neden olur. Normal talaş açısı (α_n) dik kesmedeki gibi ölçülmektedir. Hız ve gerinim üçgeni bize aşağıdaki ilişkiyi verir [52].

$$\frac{V\cos i}{\cos(\phi_n-\alpha_n)}=\frac{V_{hip}\cos\eta_c}{\sin\phi_A}=\frac{V_s\cos\eta_c}{\cos\alpha_n} \tag{3.1}$$

kayma akma yönünde aşağıdaki formülasyonla buluruz.

$$\eta_c=\tan^{-1}\left(\frac{\tan i\cos(\phi_n-\alpha_n)-\tan\eta_c\cos\phi_n}{\cos\alpha_n}\right) \tag{3.2}$$

kayma gerinimi ve gerinim hızı aşağıdaki şekilde yazılabilir.

$$\bar{\gamma}=\frac{\cos\alpha_n}{\sin\phi_n\cos(\phi_n-\alpha_n)\cos\eta_c} \tag{3.3}$$

$$\bar{\gamma}=\frac{V\cos\alpha_n}{\Delta s\cos(\phi_n-\alpha_n)\cos\eta_c} \tag{3.4}$$

i=0 olduğunda Nc=Ns olacağından denklemler dik kesme formülasyonlarına dönüşecektir. Eğik kesme için kesme kuvvet vektörü aşağıdaki gibi yazılabilir.

$$\overline{F_R}=[F_r.F_f.F_t]^T \tag{3.5}$$

$$\overline{F_X}=\begin{bmatrix}F_\varepsilon\\F_x\\F_\eta\end{bmatrix}=T_{xy}(i)\overline{F_R}=\begin{bmatrix}1&0&0\\0&\cos i&\sin i\\0&-\sin i&\cos i\end{bmatrix} \tag{3.6}$$

$$\mu=\frac{\left(\sqrt{F^2{}_{f2}}+F^2f_2\right)}{F_n}=\frac{\tan\beta_n}{\cos n_c}=\tan\beta \tag{3.7}$$

$$\overline{F_R}=T_{xy}(\phi_n)\overline{F_S}=T_{xy}(\alpha_n)\overline{F_F} \tag{3.8}$$

$$\overline{F_S}=T_{xy}(\alpha_n-\phi_n=T_{xy}(\alpha_n)\overline{F_F} \tag{3.9}$$

$$\overline{F_R} = T_{xy}(-i)\overline{F_R} = T_{xy}(-i)T_{xy}(\phi_n)\overline{F_s} \tag{3.10}$$

$$\overline{F_R} = \begin{bmatrix} \dfrac{\cos(\beta_n - \alpha_n)\cos\eta_c \cos i + \cos(\phi_n + \beta_n - \alpha_n)\sin\eta_c \sin i}{\cos(\phi_n + \beta_n - \alpha_\eta)} \\ \dfrac{\sin(\beta_a - \alpha_n)\cos\eta_c}{\cos(\phi_n + \beta_n - \alpha_n)} \\ \dfrac{\cos(\beta_n - \alpha_n)\cos\eta_n \sin i - \cos(\phi_n + \beta_n - \alpha_n)\sin\eta_c \cos i}{\cos(\phi_n + \beta_n - \alpha_n)} \end{bmatrix} \frac{\tau_s w_{rn}}{\sin\phi_n \cos i} \tag{3.11}$$

3.6. Yüzey Kalitesi

Talaş kaldırmada amaç, parça yapım resminde belirtilen tolerans derecesine göre geometrik ölçü ve yüzey kalitesinde imalat yapılmasıdır. Makine parçasının geometrisi, boyutu ve yüzey kalitesini oluşturur. İmalat metotları ile elde edilen yüzey pürüzlülük (Ra) değeri standart hale getirilmiş ve değerleri aşağıda verilmektedir.

Ra, [μm]	50	25	12,5	6,3	3,2	1,6	0,8	0,4	0,2	0,1	0,05	0,025
Pürüzlülük Değeri	N12	N11	N10	N9	N8	N7	N6	N5	N4	N3	N2	N1

3.7. Yüzey Pürüzlülüğü

Yüzey pürüzlülüğü, kesici takımın iş parçası yüzeyinde bıraktığı izler ve baskılardan meydana gelen düzgünsüzlük olarak ifade edilmektedir. İş parçasının yüzey kalitesini gösteren düzgünsüzlük iki türlüdür. Birincisi, çok küçük yüzeysel hatalardan meydana gelen ve yüzey pürüzlülüğü denilen mikro geometrik düzgünsüzlük, ikincisi parçanın ideal şeklinden sapmalarını belirten ve şekil düzgünsüzlüğü denilen makro geometrik bozukluktur [54].

Yüzey pürüzlülük değerleri, takımın girinti ve çıkıntılardan meydana gelmektedir. Geliştirilen cihazlarla mikron seviyesinde ölçüm yapılabilmektedir. Ölçümü, yüzeylere dik olan kesite göre tayin edilir. Ölçülmek istenen yüzey boyunca pürüzlülük profilinin ortalama çizgisine göre ortalama sapma tayin edilir. Şekil 3.5'te yüzey pürüzlüğün profili gösterilmektedir.

Yüzey profilinin ortalama çizgisini altında ve üstünde kalan alanların toplamı birbirine eşit olmak üzere ortalama yüzey pürüzlülüğü tayin edilir, R_a ile gösterilir, birimi ∝m'dur. Aşağıdaki formül ile teorik olarak da hesaplanabilmektedir. En büyük pürüzlülük derinliği, işlenen bir yüzey içerisinde derinliği en fazla pürüzdür. R_{max} ile gösterilir, ∝m'dur. Örnek profil içerisinde profilin en alt sınır çizgisi ile en üst sınır çizgisi arasında mesafedir. R_t ile gösterilir, birimi ∝m'dur. Profil çizgisini kesmeyen bir doğruya örnek uzunluk içerisinde ölçülen en yüksek beş çıkıntı ile en derin beş girinti arasındaki ortalamaya da R_z denir ve birimi ∝m'dur.

$$R_a \frac{1}{L}\int_0^L |Y(x)| dx \qquad (3.12)$$

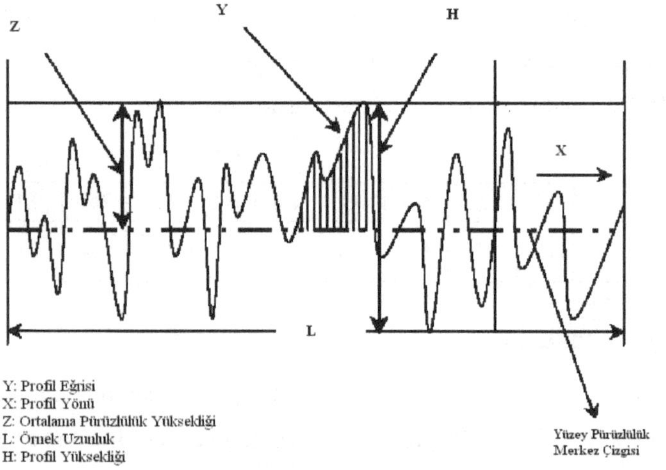

Şekil 3.5. Yüzey Birim Profili [51]

3.8. Talaş Oluşumu

Talaşın büyüklüğü, frezeleme işlemlerinde büyük önem kazanmaktadır. Talaşın oluşumundaki en önemli etkenler, kesme şartları ve takım geometrisidir. Talaş oluşumu, işlenen malzemenin işlenebilirliğine, sünekliğine, mukavemetine ve içyapısına bağlıdır. Talaş oluşumuna etki eden en önemli alaşım elementleri fosfor, kükürt ve kurşundur. Bu alaşım elementleri talaş formunun kısa oluşmasına neden olmaktadırlar. Aşağıda talaş kaldırma esnasında oluşan şekilleri görülmektedir (Şekil 3.6).

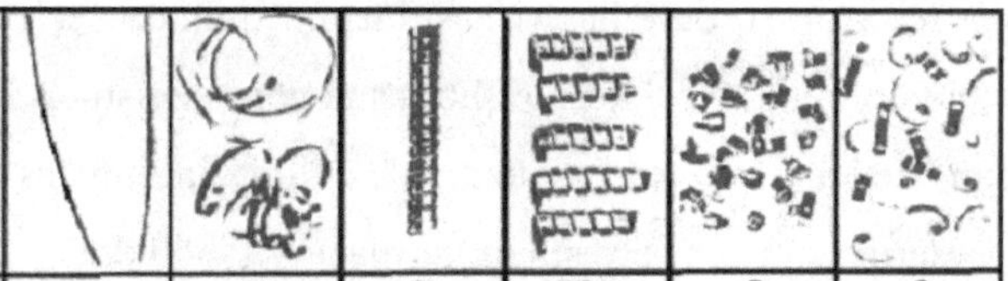

Şekil						
Simge	~	X	O	ꝏ	6	9
Uygunluk	Uygun Değil	Uygun Değil	Sınırlı Uygun	Uygun	Uygun	Uygun

Şekil 3.6. Talaş Şekilleri [56]

Takımın aşınmasını engellemek için talaşın hemen ortamdan ayrılması şarttır. Bu durum hem takım aşınması hem de yüzey pürüzlülüğü açısından önemlidir. Talaşın sarılmaması ve talaşın ortamdan uzaklaştırılması için talaş kırıcı formlarına sahip sert maden uçlar geliştirilmiştir.

3.9. Kesici Takım Aşınması ve Aşınmanın Ölçülmesi

Kesici takım aşınması, kesme sırasında esas kesici kenarlarının kesme ömrü içerisinde değişimidir. Talaşlı imalat esnasında kesicide meydana gelen sürtünme ve sıcaklık takım aşınmasının en önemli nedenlerdendir. Kesme işleminde sürtünme, aşınmanın temel sebebi olup sıcaklık ise aşınmaya karşı direncini azaltan ve olayı hızlandıran etkenlerden biridir. Sürtünme, talaş kaldırma esnasında takım talaş yüzeyi ile esas kesme kenarı arasında oluşur. Yanı aşınma en çok serbest yüzey, talaş yüzeyi ya da her iki yüzeyde meydana gelir. Aşınmayı hızlandıran diğer etkenler ise uygun seçilmeyen kesici takım, kesme hızı, ilerleme miktarı, kesme derinliği ve soğutma sıvısı kullanmamadır [57].

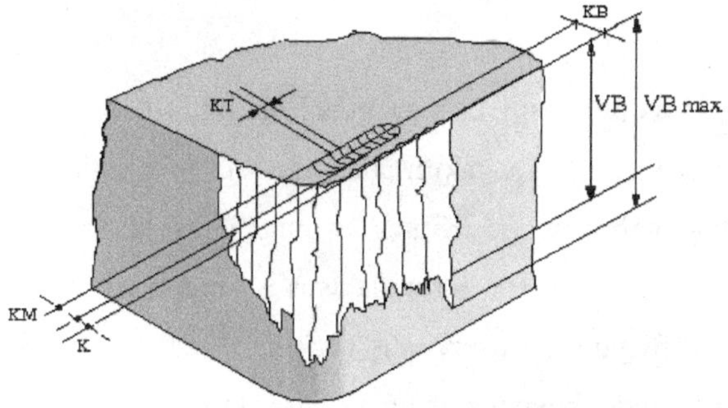

VB_{max}=Maksimum yan yüzey aşınması
VB =Yan yüzey aşınması
KT =Krater derinliği
KB =Krater genişliği
KM =Krater orta eksen mesafesi

Şekil 3.7. Kesici Takımda Oluşan Aşınma Çeşitleri

Kesicinin, aşınma durumu ve aşınmanın miktarı, işlenen parçanın yüzey kalitesi, kesici takımın kalitesi kesme şartlarına göre değişmektedir. Takım aşınması, iş parçasından istenen boyut toleransının elde edilmesini imkânsızlaşmaktadır. Ayrıca kesme kuvvetlerin artması, titreşimin artması ve böylece yüzey pürüzlülüğünün artması neden olur.

Bir takımın yararlı çalışma süresi, sert metal ucun iş parçası üzerinde kaldığı toplam zamandır. Bu zaman zarfında kesici uçta aşınmalar meydana gelmektedir. En çok rastlanan aşınma tipi olup Şekil 3.7'de görüldüğü gibi yan yüzey aşınması ile birlikte krater aşınmasıdır.

3.9.1. Yan Yüzey Aşınması

Yan yüzey aşınması genelde normal kabul edilebilir. Yan yüzeyde aşınma çoğaldıkça kesme kuvveti artar, kesme sırasında ısı artacağı için yüzey kalitesi (yüzey pürüzlülüğü) bozulmaktadır. Bu yüzden yan yüzey aşınmasının çabuk oluşmasından kaçınılmalıdır (Şekil 3.8).

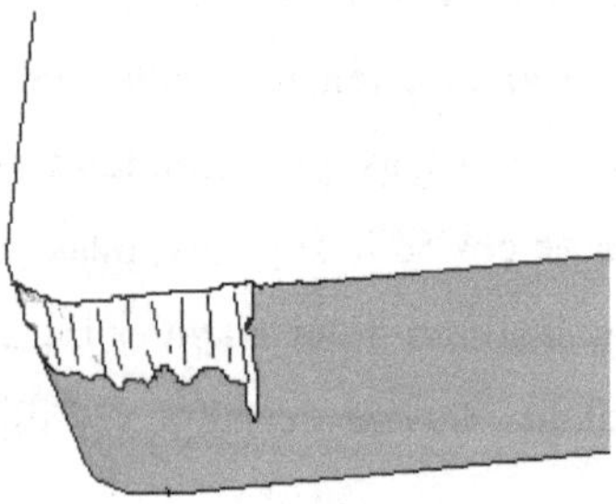

Şekil 3.8. Yan Yüzey Aşınması

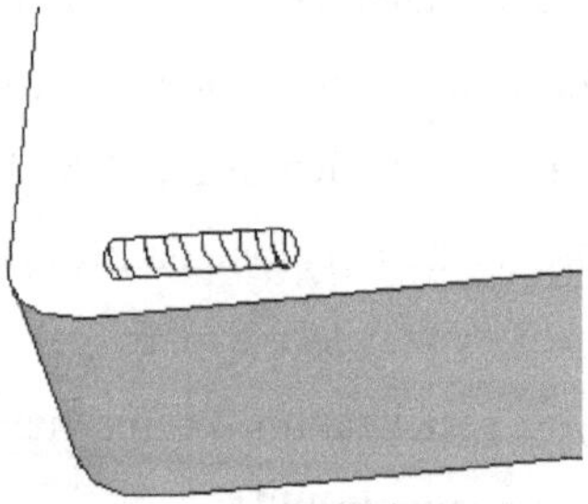

Şekil 3.9. Krater aşınması

3.9.2. Krater Aşınması

Krater aşınması talaş yüzeyi aşınmasının bilinen genel şeklidir. Bu aşınma kesicinin talaş yüzeyinin içe çökük kısmı olup, takım-talaş ara yüzey sıcaklığı ve sürtünme gerilmesinden meydana gelmektedir. Krater aşınma hızı takım-talaş arasında yüksek sıcaklıktan dolayı ısı da artar. Bu durumda aşırı ısınmış talaş ile sert metalin temas yüzeyi arasında bir difüzyon (malzeme alış verişi) meydana gelir. Bu aşınma sementit karbür ve hız çeliklerinde meydana gelen bir hasardır (Şekil 3.9).

3.9.3. Kesme Kenarından Ufak Dökülmeler

Kesme kenarında mekanik gerilimler aşırı ise, uç aşırı bir şekilde sıcaklık değişimlerine maruz kalıyorsa ucun kesme kenarında küçük parçalar halinde kopmalar olacaktır (Şekil 3.10).

3.9.4. Termal Çatlaklar

Sürekli sıcaklık değişmelerine maruz kalan uçta, termal şoktan dolayı birbirine paralel ufak çatlaklar oluşur (Şekil 3.11).

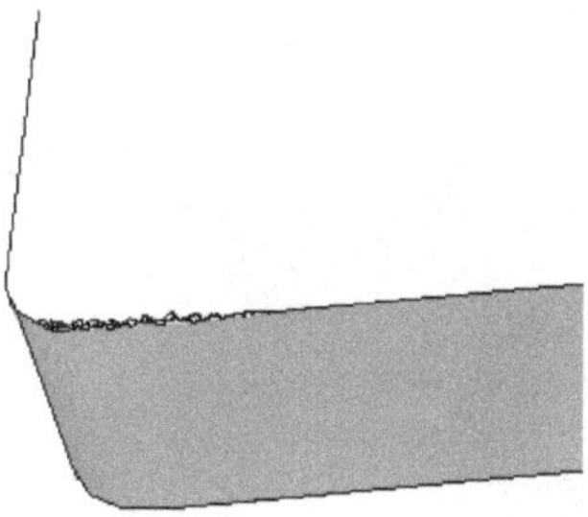

Şekil 3.10. Kesme Kenarında Dökülmeler

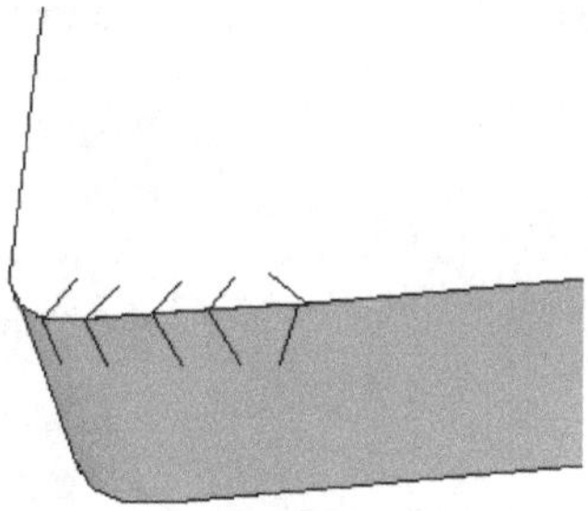

Şekil 3.11. Termal Çatlaklar

3.9.5. Talaş Birikmesi

Kesme hızı az olduğu zaman talaş kaldırma bölgesinde sıcaklık düşecek ve bundan dolayı kesme kenarında malzeme birikmesi olacaktır. Bu durum kesme kuvvetlerini arttırdığı gibi, kötü bir yüzey kalitesi olmasına neden olur (Şekil 3.12).

3.9.6. Plastik Deformasyon

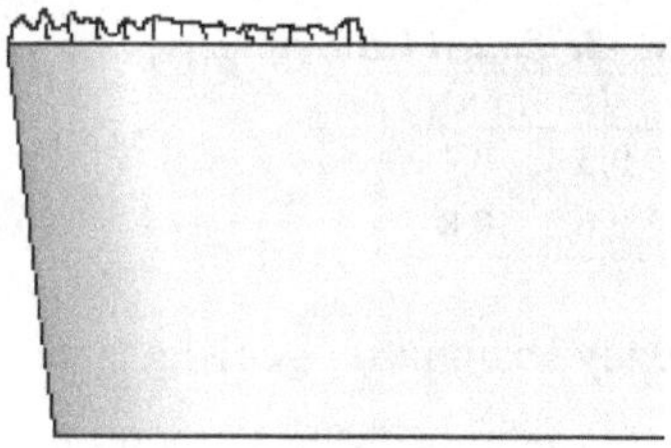

Şekil 3.12. Talaş Birikmesi

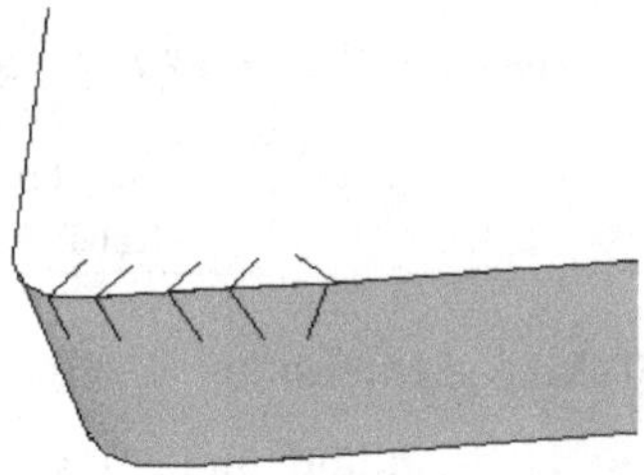

Şekil 3.13. Plastik Deformasyon

Eğer kesme kenarında, yüksek kesme hızından dolayı, çok yüksek sıcaklık oluşursa, sert maden uçta alçalma ya da yükselme şeklinde deformasyon meydana gelir. Böylece hem kesme kuvveti artacak hem de yüzey pürüzlülüğü negatif yönde değişecektir (Şekil 3.13).

3.9.7. Çentikler

Çentikler aşınması, genellikle yüksek ısıya mukavim malzemelerin işlenmesinde, aşındırıcı yüzey tabakaları nedeniyle veya daha önceki işlem sırasında sertleşmiş iş parçasında dolayı meydana gelmektedir. Çentik aşınması diğer bütün aşınmalardan daha çok olduğu özel durumlarda, aşınma çentiğinin uzunluğu takım aşınma ömrü olarak kullanılabilmektedir. Bu aşınma genellikle iş parçasının sert dış tabakalarından kaynaklanmaktadır (Şekil 3.14).

Şekil 3.14. Çentik Oluşumu

3.10. Takım Aşınmasının Ölçülmesi

Talaş kaldırma esnasında aşınma kaçınılmazdır. Aşınmanın ölçülebilmesi için serbest yüzey aşınma bölgesinin belirli bir boyuta ulaşması, takımın yüzeyinde krater veya başka bir aşınma çeşidinin meydana gelmesi, kesme ağzından küçük parçacıkların kopması, iş parçasında yüzey kalitesinin bozulması, kesme kuvvetin ve gücün aniden artması takımın aşınmış olduğunun göstergesidir.

Tablo 3.2. Düzlem Yüzey Frezeleme için Müsaade Edilen VB Değerleri [43]

İşlem	VB, (mm)
İnce Frezeleme	0,3 0,4
Kaba Frezeleme	0,6 0,8

Takım aşınmasının ölçümü, serbest yüzey aşınması genişliği ve krater aşınmasının derinliğin ölçümüdür. Pratikte kesin olmamakla birlikte tablo 3.2'de frezeleme serbest yüzey için VB değerleri verilmiştir.

Takım aşınmasının belirlenmesi iki ana kategoride sınıflandırılmaktadır. Gerçek takım aşınmasının belirlendiği direkt belirleme ve ölçülen takım aşınmasının bir parametre ile karşılaştırıldığı dolaylı olarak belirlenmesidir [57].

3.11. Takım Ömrü

Takımın iki bileme arasındaki çalışma zamanına takım ömrü denir. Ayrıca takma uçlu kesici takım kullanılıyorsa, uçların değişimi arasında geçen zaman dilimi olarak da tanımlanabilir. Takım ömrü aşınma olayına bağlı olduğundan, aşınmayı etkileyen birçok değişken etki etmektedir. Kesilen malzeme ile ilgili olarak malzemenin mikro yapısı, gerilme mukavemeti, eğilme mukavemeti, sertliği, kesme sıcaklığı, şekli ve boyutu takım ömrünü etkilemektedirler [58].

Talaş kaldırma olayı ile ilgili kesme parametrelerinden kesme hızı, ilerleme hızı, kesme derinliği, talaş kaldırılan malzeme, takım geometrisi, tezgah kapasitesi gibi faktörler takım ömrünü direkt olarak etkilemektedir. Talaş kaldırma yöntemi, işleme durumunda takım malzemesinin sıcaklığa dayanımı, kesici takımın ısıyı dağıtma yeteneği, talaş formu, kesme kuvvetleri ve bazı durumlarda talaşın kesici takımdan uzaklaştırması da takım ömrünü etkilemektedir. Yapılan araştırmalarda takım ömrünü en çok kesme hızı etkilemektedir.

Takım ömrü (T) ile kesme hızı (V_c) arasında Taylor bağlantısı olarak bilinen,

$$V_c T^n = \text{sabit}$$

ifadesi yazılabilir. Burada n= 1/k ve sabite C ile gösterilirse bağıntı

$$V_c T^n = C$$

ifadesi yazılır. Yukarıdaki denklemde k takım-malzeme çiftine bağlı, C ise takım- malzeme çiftine, kesme derinliğine, ilerleme miktarına, kesme sıvısı gibi faktörlere bağlıdır. Bu bağıntı grafik şeklinde gösterilişine T-V diyagramı adı verilir ve bağıntı Şekil III.15'te gösterildiği gibidir.

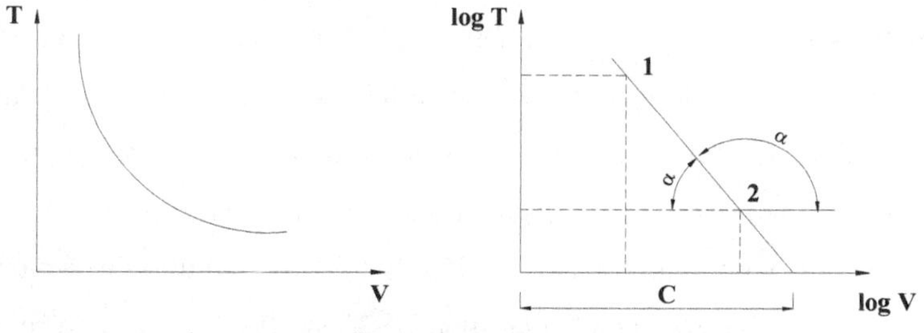

Şekil 3.15. Takım Ömrü- Kesme Hızı Arasındaki Bağıntı

Belirli bir kesme hızı için takım ömrünün değeri müsaade edilen aşınma değerine (VB) bağlıdır. Müsaade edilen aşınma değeri büyük olursa takım ömrü de o derece büyük olur. Dolayısıyla takım ömrü-kesme hızı-aşınma miktarı arasında kuvvetli bir bağıntı vardır.

3.12. Süper Alaşımlar

Süper alaşımlar, VIII B grubu elementlerince zengin, yüksek sıcaklık uygulamaları için geliştirilmiş, kullanıldıkları sıcaklıklarda yüksek mekanik ve korozyon dayanımı gösteren alaşımlardır. Özellikle uçak gaz türbinlerinde aşınma ile birlikte büyük kuvvetler bir arada mevcut olması süper alaşımların geliştirilmesinde önemli etken olmuştur [59].

Ayrıca bu alaşımlar, yüksek sıcaklığın söz konusu olduğu; denizcilik, endüstriyel gaz türbinleri, kara taşıtları, enerji ileten tesisler, petrokimya, roket motorları, uzay araçları gibi pek çok değişik alanlarda kullanılmaktadırlar.

Özellikle son yıllarda tıp alanında ve korozyona dayanıklı özel malzeme üretiminde belirgin yere sahiptirler. Temel kullanım alanlarından biri olan türbin kanatçıkları göz önünde bulundurularak bir süper alaşımdan beklenen özellikler temel olarak şunlardır [60,61];

- Yüksek sürünme dayanımı,
- Yüksek yapısal kararlılık,
- Termik yorulmaya karşı direnç,
- Yüksek sıcaklık korozyonu ve erozyonuna karşı direnç göstermektedirler.

Süper alaşımlar yönelik çalışmalar, alaşım geliştirmenin yanında, şekillendirme ve ısıl işlem teknikleri ile yüzeye koruyucu kaplamalarda da yoğunlaşmıştır.

3.12.1. Kobalt Esaslı Süper Alaşımlar

Kobalt esaslı süper alaşımların temeli 1900'lı yıllarda Co-Cr ve Co-Cr-W sistemleri ile ilgili patentlerin alınması ile atılmıştır. Ardından Haynes tarafından geliştirilen Stellite alaşımları kesme, makine takımları ve aşınma dirençli yüzey uygulamaları gibi endüstriyel amaçlar için kullanılmaya başlanmıştır.

Bir döküm alaşımı olan %65Co %35Cr % 5 Mo (Vitalium) diş protezleri için 1930 geliştirilmiştir. Bu malzemeden üretilen HS21 ise 1940'larda turbo motorlarda ve gaz türbin uygulamalarında önemli bir malzeme haline gelmiştir. Benzer olarak, döküm Co-Ni-Cr alaşımı S 816, bu uygulamalarda hem gaz türbini kanatlarında ve pervanelerde geniş ölçüde kullanılmıştır.

Diğer ana alaşım 1940 yılında Thielman [59] tarafından keşfedilmiş olan X 40 alaşımı olup, gaz türbin pervanelerinde halen kullanılmaktadır. Bu alaşım kobalt esaslı alaşımların yeni tipleri için de model oluşturmuştur. Tablo III.3'te bazı kobalt esaslı süper alaşımlar ve kompozisyonu verilmiştir. Vakum ergitme tekniklerinin geliştirilmesi ile 1950-1970 yılları arasında sertleştirmesi yapılmış nikel esaslı alaşımlar kobalt esaslı alaşımların yerine kullanılmaya başlanmış ve kobalt alaşımları gaz türbin endüstrisinde ikinci sıraya düşmüştür. Bununla birlikte, kobalt esaslı döküm ve döküm alaşımları aşağıdaki nedenlerle hala kullanılmaya devam edilmektedir:

Tablo 3.3. Bazı Co Esaslı Süper Alaşımların Kompozisyonu [59]

Alaşım	% Ağırlık Oranına Göre Kompozisyonları														
	C	Mn	Si	Cr	Ni	Co	Mo	W	Cb	Ti	B	Zr	Fe	Ta	V
HAYNESS 21	0,25	1	1	27	2,5	60	5,5	--	--	--	0,007	--	2	--	--
HAYNESS 25	0,1	1,5	1	20	10	49	--	15	--	--	--	--	3	--	--
HAYNESS 31	0,5	1	1	25,5	10	52	--	7,5	--	--	--	--	2	--	--
HAYNESS 151	0,5	--	--	20	--	66	--	13	--	--	0,06	--	--	--	--
WI 52	0,45	--	--	21	--	65	--	11	0,75	--	--	--	--	1	--
G 32	0,8	0,8	0,5	19	12	45	2	--	1,3	--	--	--	16	--	2,8
G 65	0,45	0,6	0,6	23,5	10,5	55	--	7,5	--	--	--	--	2	--	--
G 75	0,45	0,4	0,4	21	1	62	--	11	2	--	--	--	2	--	--
S 816	0,4	1,2	--	20	20	43	4	4	4	--	--	--	3	--	--
V 36	0,32	1	--	25	20	43	4	--	2,3	--	--	--	2,4	--	--
HE 1049	0,4	0,8	0,8	26	10	44	--	15	--	--	--	--	1	--	--
J 1570	0,2	--	--	20	28	38	--	7	--	4	--	--	2	--	--
J 1650	0,2	--	--	20	27	36	--	12	--	3,8	0,02	--	--	2	--
MAR M 302	0,85	0,1	0,2	21,5	--	58	--	10	--	--	0,005	0,15	--	9	--
MAR M 322	1	0,1	0,1	21,5	--	61	--	9	--	0,75	--	2,25	--	4,5	--
MAR M 509	0,6	0,1	0,1	21,5	10	50	--	7	--	0,2	0,01	0,5	1	3,5	--
MAR M 905	0,05	--	--	20	20	52	--	--	--	0,5	--	0,1	--	7,5	--
MAR M 918	0,05	0,2	0,2	20	20	51	--	--	--	--	--	0,1	0,5	7,5	--
STELLITE 6	1,1	0,5	1	28	2	56	1	5	--	0,01	0,007	0,002	3	--	0,5

- Kobalt esaslı süper alaşımlar daha yüksek ergime sıcaklıklarına sahiptir. Buna uygun olarak da daha düz bir gerilme-uzama eğrisi verirler. Böyle bir durum nikel veya demir esaslı alaşımlara göre daha yüksek sıcaklıkta kullanım imkanı sağlar,
- Kobalt alaşımları yüksek alaşım elementleri içermeleri nedeniyle kirli gaz türbin atmosferlerinde yüksek sıcak korozyon direncine sahiptir,
- Genellikle Co-esaslı alaşımlar, nikel alaşımlarına göre daha üstün termal yorulma direnci ve kaynak edilebilirlik gösterir [62].

3.12.1.1. Kobalt Esaslı Süper Alaşımların İşlenebilirlik Değerleri

Süper alaşımların talaş kaldırma işlemleri zor olmaktadır. Tablo III.4'te işlenebilirlik yüzde sayılarla verilmektedir. Sayılar büyüdükçe işlenebilirlik kolaylaşmaktadır

Tablo 3.4. Bazı Süper Alaşımların % Olarak İşlenebilirlik Değerleri [63]

Süper Alaşımlar	Alaşım	Sayı, (%)
Kobalt Esaslı	Air Resist 13	4
	H 531	6
	Haynes 188	12
	WI	14
	MAR M 302	16
	Stellite 31	16
Nikel Esaslı	Rene 95	6
	MAR M 200	8
	Udimet 500	12
	Waspaloy	16
	Nimonic 80A	18
	Hastelloy C	20
	Incoloy 909	16
Demir Esaslı	AM350	18
	Discaloy	20
	Lapelloy	25
	Ti 17	18
Titanyum Esaslı	Ti 6Al 6V 2Sn	30
	Ti 6Al 4V	35
	Ti Ni Mo	40

3.12.1.2. Kobalt Esaslı Süper Alaşımlar Uygulama Alanları

Kobaltın esas uygulamaları, üçte iki oranında kullanım alanına mıknatıs alaşımına dayanmaktadır; ama gaz türbinleri için yüksek sıcaklık parçalarında kullanılan kobalt esaslı süper alaşımların kullanımı az da olsa kullanımına devam etmektedir. Diğer kullanım alanları ise; yumuşak alaşımları, metalürjik ve cam fırınları, kesme ve aşınmaya dayanıklı alaşımlar için, işlenmesi zor işlemler, tıpta diş ve cerrahi malzemeler, özel termal genleşme özellikleri ve paslanmaya karşı dayanıklı malzemeler için tercih edilmektedir. Ayrıca kobalt demir ile alaşım yapılarak mıknatıs alaşımı için bir temel oluşturmaktadır. Bu alaşımlar uygulama ve dayanıma göre üç gruba ayrılmaktadır. Bunlar aşınma, sıcaklık ve korozyon mukavemetidir [64].

3.12.1.3. Kobalt Esaslı Aşınmaya Dayanıklı Alaşımlar

Bu günün kobalt esaslı aşınma alaşımları, Elwood Haynes'in ilk alaşımlarından bu yana çok az değişmiştir. En önemli farklılıkları karbon ve silikonun kontrolü ile ilgilidir. Yine de şu anki Stellite alaşım oranlarındaki esas farklılıkları karbon ve tungsten içerikleridir. Karbon içeriği; sağlamlığı, sünek olabilme ve aşındırma aşınmaya dayanıklılığı etkiler. Ayrıca tungstende bu özelliklerde önemli bir rol oynar [65].

Bu alaşımların kimyasal kompozisyonu yaklaşık olarak; Cr≅25-30, Mo=1, W=2-15, C=≅0,25-3,3, Fe=3 max, Ni=3 max, Si=2 max, Mn=1 max, geriye kalan kobalt oluşturmaktadır. Bu alaşımlarda aşındırma, kayma ve aşındırma aşınmaları aşınma meydana gelmektedir.

3.12.1.4. Kobalt Esaslı Yüksek Sıcaklık Alaşımları

Yıllardan beri yüksek sıcaklık alaşımlarının kullanım alanı, endüstriyel gaz türbinleridir. Havacılık endüstrisinde sıkça kullanılmaktadır. Bu alanda gereksinim duyulan malzeme tipi; yüksek sıcaklıklara dayanıklılığı, termal bozulmalara dayanıklılık ve oksitlenmeye karşı dayanıklıdırlar. İndirgenmiş kobalt esaslı gaz türbinler için ki, bunlar daha düşük sıcaklıkta çalışan ve daha az kalite yakıtlar için kullanılabilir ve sülfür direnci önemli bir konudur.

Bugünlerde, yüksek sıcaklık alaşımlarının kullanım alanları değişiklik göstermektedir. Daha fazla fosil yakıtları, atıkların yakılmasından elde edilirler ve yeni kimyasal işleme teknikleri geliştirilmiştir. Genel olarak, kobalt esaslı yüksek sıcaklık alaşım kompozisyonu Cr≅ 20-23, W=7-15, C=0,1-0,6, Fe=3 max, Ni=10-22 ve geriye kalan kobalt oluşturmaktadır.

Kobalt esaslı alaşımlar, yüksek sıcaklık uygulamalarında nikel-demir alaşımları ve nikel olarak geniş bir şekilde kullanılmazlar. Kobalt esaslı yüksek sıcaklık alaşımları gene de önemli bir rol oynar. Çünkü süflileşmeye karşı mükemmel dayanırlar ve sıcaklığa karşı önemli derecede dayanıklıdırlar. Ayrıca kobalt, birçok nikel esaslı yüksek sıcaklık alaşımlar elementi olarak kullanılırlar.

3.12.1.5. Kobalt Esaslı Korozyona Dayanıklı Alaşımlar

Kobalt esaslı alaşımlar aşınmaya dayanıklı alaşımlar olup kaynaklamaya karşı dayanıklılığı sabittir. Kobalt esaslı malzemeler kaynak ve döküm yüzeylerin kaplanması ile dış kristal yapısı çöküntüsü ve matristeki alaşım elementlerinden birinin eksikliği mikro yapı ve kimyasal ayırma meydana gelir. Homojen mikro yapıları ve daha düşük karbon içerikleri nedeniyle dövme kobalt esaslı yüksek sıcaklık alaşımları (molibden çok tungsten içerir) sulu çalışmalarda korozyona daha dayanıklıdırlar. Sanayiinin ihtiyacını karşılamak için nemli yerde çalışan malzemeler korozyon direncini gösteren alaşımlar geliştirilmiştir. Kobalt esaslı alaşımların faydaları artmakta ve bazı düşük karbonlu dövme kobalt-nikel-krom-molibden alaşımları üretilmektedirler. Bu alaşımların kimyasal kompozisyonu Cr=20-25, Mo=5-10, W=2, C=0,8, Fe 3max, Ni= 9-35, N=0,1, Mn=1max ve geriye kalan kobalt oluşturmaktadır [65].

3.12.2. Nikel Esaslı Süper Alaşımlar

Süper alaşımlar belirleyen en önemli etken kimyasal bileşimleridir. Nikel esaslı süper alaşımlar kompleks, bilim adamalarını büyüleyen bir yapı-özellik kombinasyonuna sahiptirler. Uygulama alanı ise yüksek sıcaklık uygulamaları (650-1100°C) ve çoğunlukla uçak motorlarında kullanılmaktadır.

Bu alaşımlar yüksek kopma mukavemeti, aşındırma aşınması, düşük termal eğilim, sürünme dayanımı ve yüksek korozyon dayanımı göstermektedirler [66,67,68]. En çok uçak motorlarında, endüstriyel gaz türbinlerinde ve sabit veya hareketli gaz türbinlerinde kullanılırlar. 1200°C'ye kadar iyi oksidasyon direnci göstermektedirler [69].

Tablo 3.5'te önemli bazı nikel esaslı süper alaşımlar ve kimyasal kompozisyonu verilmektedir. Bu alaşımlar 12-13 farklı elemen ilave edilebilir, silisyum, fosfor, kükürt, oksijen ve azot elementleri istenmemektedir. Selenyum, talyum, kurşun ve bizmut gibi elementleri ise az miktarda izin verilir. Alaşımlar içerisinde %10-20 krom, %8'e kadar alüminyum, ve titanyum, %5-10 kobalt ve çok küçük miktarda zirkonyum ve opsiyon olarak da molibden, volfram, tantal ve hafniyum alaşım elementleri ilave edilmektedir [62].

Tablo 3.5. Önemli Bazı Ni Esaslı Süper Alaşımlar [64]

Alaşım	% Ağırlık Oranına Göre Kompozisyonları														
	Ni	Cr	Co	Mo	W	Ta	Cb	Al	Ti	Fe	Mn	Si	C	B	Zr
INCONEL 100	60	10	15	3	--	--	--	5,5	4,7	--	--	--	0,18	0,01	0,06
INCONEL 713	67	9,5	10	2,5	--	--	--	5,5	4,6	--	--	--	0,18	0,01	0,06
B-1900	64	8	10	6	--	4	--	6	1	--	--	--	0,1	0,01	0,1
B-1023	58	15,5	10	8,5	--	--	--	4,2	3,6	--	--	--	0,16	0,006	--
GMR-235	63	15,5	--	5,3	--	--	--	3	2	10	0,3	0,6	0,15	0,06	--
RR-7080	61	9	10	--	--	2,5	--	5,5	1,5	--	--	--	0,12	0,02	0,1
MAR M246	63	9	10	2,5	10	1,5	--	5,5	1,5	--	--	--	0,14	0,01	0,05
RENE-80	60	14	9,5	4	4	--	--	3	5	--	--	--	0,17	0,01	0,03
UDI 700	55	15	17	5	--	--	--	4	3,5	--	--	--	0,06	0,03	--
HASTEALLOY	57	21,2	0,84	13,4	--	--	--	--	0,03	3,17	0,31	--	--	--	--
INCONEL 718	52,5	19	--	3	--	--	5,1	0,5	0,9	18,5	0,2	0,2	0,04	--	--

3.12.3. Demir-Nikel Esaslı Süper Alaşımlar

Tablo 3.6. Önemli Bazı Fe-Ni Esaslı Süper Alaşımlar [64]

Alaşım	% Ağırlık Oranına Göre Kompozisyonları							
	C	Fe	Ni	Co	Cr	Ti	Mo	DİĞER
ALLOY 718	0,04	18,5	55,88	--	19	0,9	3,05	5,13 B+Ta; 0,5Al
INCOLOY 800	0,05	45,70	32,5	--	21	0,38	--	0,38 Al
INCOLOY 901	0,05	34,85	42,7	--	13,5	2,5	6,2	0,25 Al
INCOLOY 909	0,01	42,4	38	13	--	1,5	--	4,7 Nb; 0,4 Si
AISI-330	0,05	44,95	36	--	19	--	--	--
HAYNESS 556	0,1	29,0	20	20	22	--	3	2,5 W; 0,9 Ta; 0,1 Nb; 0,3 Al
HASTALLOY X	0,1	18,5	48,3	1,5	22	--	9	0,6 W
S-590	0,43	33,42	20	20	20,5	--	4	1,25 Mn; 4 Nb; 0,4 Si
N-155	0,15	32,10	20	20	21	--	3	2,5 W; 1 Nb; 0,1 Ta; 0,15 N

Yüksek oranda demir ve nikel içeren, çökelme ile sertleşebilen alaşımlardır. Tablo III.6'da önemli bazı Fe-Ni esaslı süper alaşımların kimyasal bileşimleri verilmektedir. Genellikle %15-60 Fe ve %25-60 Ni içeren alaşım grubu olup, gaz ve buhar türbin parçacıklarında ve otomotiv endüstrisinde kullanılmaktadırlar. Bu süper alaşımların en belirgin özelliği, yaşlanmaya müsait olmalarıdır. Bunun dışında katı eriyik sertleşmesi, deformasyonla sertleşme ve karbür çökelmesi ile sertleşme özellikleri dikkate değerdirler.

Demir-nikel alaşım grubu katı eriyik, çökelti, tane sınırı sertleşmesinin sağlandığı yüksek sıcaklık dayanımına sahiptirler. Bunun yanı sıra bu alaşımların çeşitli karakteristik özellikleri şöyle sıralanabilir:

- Bu alaşımlar 650°C'ye kadar mükemmel özellikler gösterirler, fakat kromun olmayışı malzemenin oksidasyon direncini önemli derecede azalmaktadır,
- Demirce zengin FeNiCo sistemi üzerinde kurulan alaşımlar yüksek mukavemet ve düşük termal iletkenlik özelliklerine sahiptirler.

4. Materyal ve Metot

4.1. Materyal

Kobalt VIII B grubunda olup atom numarası 27, atom ağırlığı 58,9 ve periyodik cetvelde demir ile nikel arasında bulunmaktadır. Termal genleşme katsayısı, demir ile nikel elementlerinin arasında bulunmaktadır. Kobalt 417°C sıcaklık altında hekzagonal bir yapı göstermektedir. Kobalt 417°C ile 1493 °C ergime noktası arasında yüzey merkezli (YHK) bir yapı vardır.

Deney materyali olarak Co esaslı süper alaşımlardan Stellite 6 olarak seçildi. Kobalt yumuşak ve aşınmaya uygun elementtir. Alaşım elemanı olduğunda iyi mekanik özellikler kazandırmaktadır.

Stellite alaşımı, oranlarındaki esas farklılıkları karbon ve tungsten belirler. Karbon ve tungsten içeriği; sağlamlığı, sünek olabilme ve aşınmaya karşı dayanıklılığı sağlar. Şekil 4.1'de Stellite 6'nın SEM'de (Scaning Electron Microscopy) metalografik fotoğrafı görülmektedir.

Kobaltın uygulamaları üçte iki oranında mıknatıs olarak kullanılmaktadır. Gaz türbinleri gibi yüksek sıcaklık uygulamaları olan endüstriyel alanlarda kullanılmaktadır.

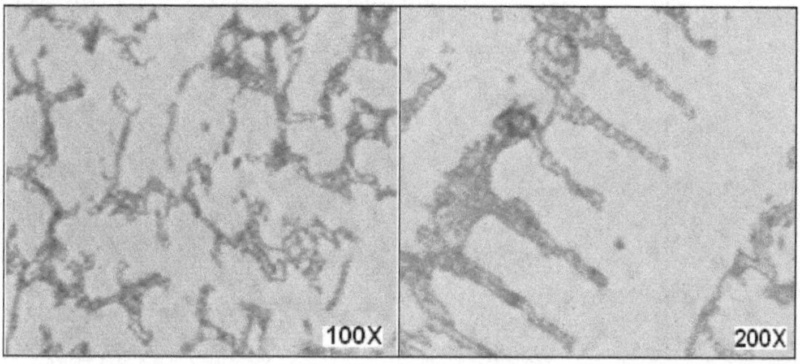

Şekil 4.1. Stellite 6'nın SEM'de 100X ve 200X Büyütülmüş Metalografik Fotoğrafı

Ayrıca, kobalt VIII B'nın yumuşak alaşımlıları, metalürjik ve cam fırınlarında, tıpta (diş ve cerrahi), termal genleşme özellikleri ve paslanmaya karşı dayanıklı olması istenen alanlarda tercih edilmektedir. Kobalt demir ile alaşımlandırılırsa mıknatıslanma özelliği sağlar.

Kobalt ferro magnetik bir element olup mıknatıs özelliği olan malzemelerin mıknatıslık özelliğini gidermek için kullanılır. Bunlar alüminyum, nikel, kobalt alaşımlar ve yarı iletken intermetalik malzemeler olup dünyada nadir bulunurlar. Doğal kobalt izotopu, cerrahi ve endüstriyel uygulamalarda önemli bir ışın kaynağı olarak kullanılmaktadır.

Kobalt esaslı süper alaşımlardan, nikel ve demir esaslı süper alaşımlara göre kobaltın erime noktası 100 °C daha fazladır. Kopma mukavemeti daha uzun zamanda ve daha yüksek sıcaklıkta diğer alaşımlara göre mukayese edilebilir.

Etkili bir şekilde güçlendirilmiş mekanizmalar henüz geliştirilmediği için kobalt alaşımların orta derece sıcaklıklarda dayanıklılıkları azalır, oksitlenme dirençleri düşer, içerisindeki tungsten oranı hem maliyeti hem de yoğunluğunu arttırır. Bu özellikler, modern gaz türbinlerinin dönen hareketli elemanları için kobalt esaslı süper alaşımları uygunsuz kılar. İşlenmiş alaşımlar, bıçak ve diskler için kullanılırlar ve döküm alaşımlar ise düşük kalitede fuel–oil ile yana düşük oranlı endüstriyel türbinler için bıçak malzemesi olarak uygundurlar. Tablo 4.1'de materyalin kompozisyonu ve tablo 4.2'de de mekanik özellikleri verilmiştir.

Tablo 4.1. Deneysel Materyalin Kompozisyonu

Element	% Ağırlık
Karbon	1,09
Silisyum	1,07
Mangan	0,485
Krom	28,166
Nikel	1,92
Molibden	0,96
Wolfram	5,17
Titanyum	0,01
Demir	2,88
Tantal	0,041
Kobalt	54,6

Tablo 4.2. Deneysel Materyalin Mekanik Özellikleri

Özellik	Değeri
Yoğunluğu (g/cm^3)	8,9
Akma Mukavemeti (GPa)	183
Ergime Sıcaklığı (°C)	1493
Kaynama Sıcaklığı (°C)	2993
Elastiklik Modülü (GPa)	210
Sertliği (Rocwell C)	43,6

4.2. Deney Tesisatın Tasarımı

Deney tesisatının tasarımında kullanılan elemanlar aşağıda tanıtılmaktadır. Şekil 4.2'de deney tesisatı görülmektedir.

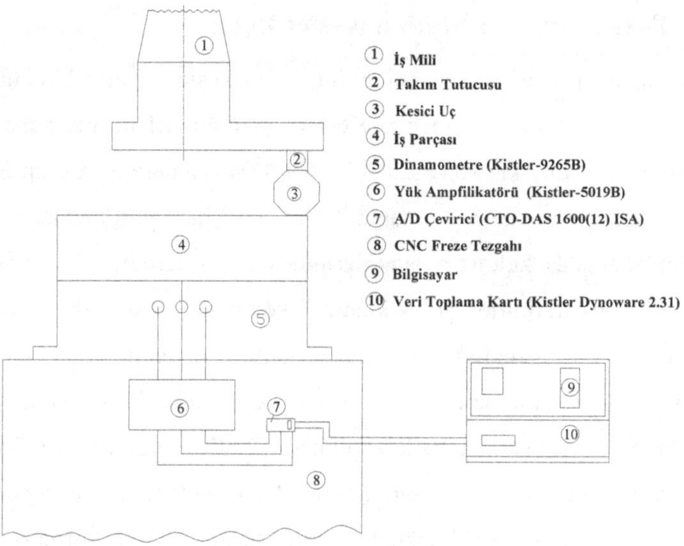

Şekil 4.2. Deney Tesisatı

4.2.1. CNC Freze Tezgahı

Deneyde Johnford WMC-850 serisi CNC freze tezgahı kullanıldı. 9 kW güce, metrik ve inch (parmak) birimlerinde ISO formatında programlanabilen üç eksende lineer ve dairesel enterpolasyon yapabilen bir sistemden ibarettir. Kontrol ünitesi FANUC serisi O-M'dir. Tezgah tablası X, Y, Z (800, 500, 450 mm) yönlerinde otomatik hareket etmektedir (Şekil 4.3).

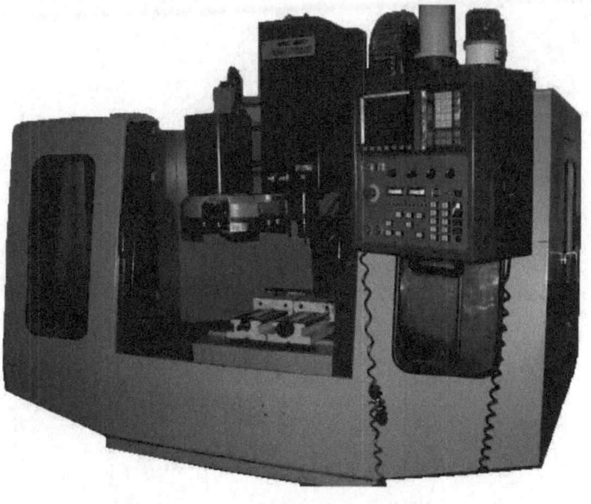

Şekil 4.3. CNC Freze Tezgahı

4.2.2. Tutucu ve Sert Maden Kesici Uçlar

Süper alaşımların işlenmesi zor olduğu için kesici uçların bağlandığı tutucu eğik kesme yapacak şekil seçilmiştir. Kesici uçlar pozitif kesme yaparak şekilde tutucuya bağlanmaktadır. Tutucu R220.43–063–07W standardında olup Şekil 4.4'te, Şekil 4.5'te tutucunun geometrisi ve tablo 4.3'te de verileri görülmektedir.

Günümüzde talaş kaldırma işlemlerinde en çok tercih edilen kesici uçların başında sinterlenmiş karbürler gelmektedir. Ekonomik olması, diğer kesici uçlara göre avantajlı olması nedeniyle sert metal karbürler tercih edilmektedir. Kesici takımları ısıya karşı dirençlerini arttırmak için değişik kaplama yöntemleri geliştirilmiştir. Deneysel çalışmalarda kaplamalı (PVD, Fiziksel buhar Çöktürme) ve kaplamasız kesici uçlar kullanılmıştır. Şekil 4.6'da kaplamasız ve kaplamalı kesici uçların mikro yapıları görülmektedir. Bu uçlar SECO firması tarafından numaralandırılmış olup (F40M ve H25) P30 (ISO standartları) kalitesindedir. Orta kaba frezelemede, düşük ilerleme ve düşük kesme hızları için tercih edilmektedir. Özellikle süper alaşımlar işlenmesinde tercih edilmektedir.

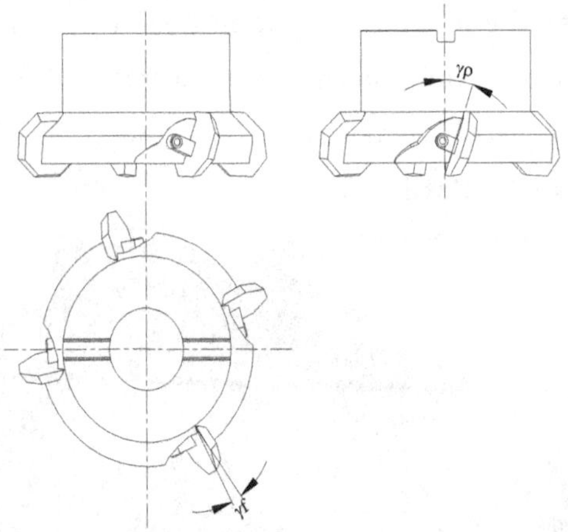

Şekil. 4.4. Deneyde Kullanılan Tutucu Geometrisi

Tablo 4. 3. Tutucunun Geometrisi Standartları

Takım Geometrisi	Açı
Kesme Açısı (γ_o)	15°
Radyal Açısı (γ_p)	15°
Eksenel Talaş Açısı (γ_f)	5°

D= Çap, 63 mm
A= Anma Çap, 75 mm
H= Tutucu Yüksekliği, 40 mm
a_p= Max Talaş Kaldırma Miktarı, 5 mm
K= Yerleştirme Açısı, 43°

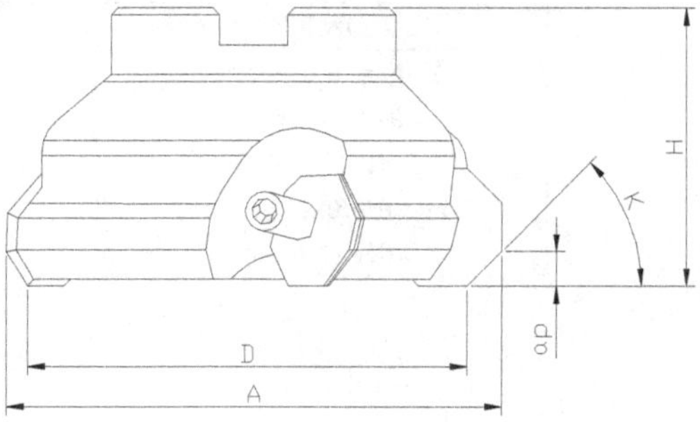

Şekil 4.5. Tutucunun Standartları Veriler

Kesici ucun kesme anında takımın temas eden yüzeyinde 2° açı olacak şekilde tasarlanmıştır (Şekil 4.8). Bu kesici kenarın teması sınırlandırıp kesmeyi kolaylaştırmaktır. Ayrıca kesici uç arkaya doğru 26° boşluk açısı var. Kesici takım ucunun taban alt yüzeyinin işlenecek iş parçasına sürtünmesini önlemek amacıyla verilmiştir. Şekil 4.9'da kullanılan kesici ucun standartları görülmektedir.

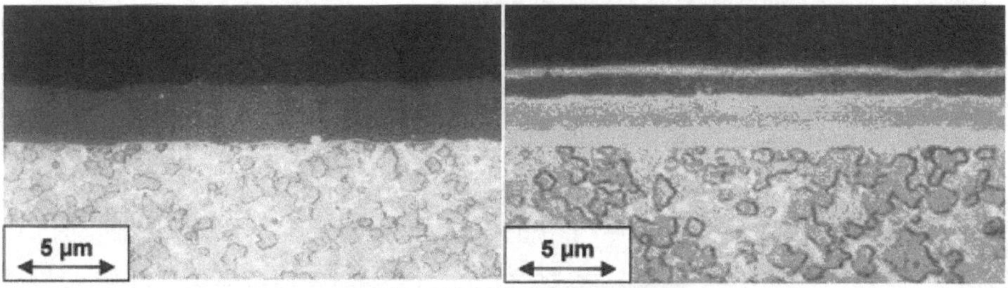

Kaplamasız Kesici Uç (H25) ***TiN/TiCN/TiAlC Kaplamalı Kesici Uç (F40M)***
Şekil 4.6. Deneyde Kullanılan Kesici Uçların Mikro Yapıları

Kesici takım geometrisini seçerken takım işlenen malzemeye göre uç seçmek işlenebilirlik açısında önemlidir. Takım ömrü açısından, frezeleme esnasında freze çakısının malzemeye temas esnasında kırılmaması, ayrıca kesme anında oluşan ısının ortamdan uzaklaştırılması önemlidir. Bu amaca uygun olarak kesici uçun ani kesme işleminde kırılmaması için 20° açı ile 0,18 mm pahlı uç (Şekil 4.7) ve ucun kesme sırasında oluşan gerilmeleri dağıtmak için ucun kesme kenarın üstü tırtıllı seçilmiştir. Kesici takım ucun geometrisi Şekil 4.10'da talaş kaldırma anındaki görüntüsü görülmektedir.

Tablo 4.4. Kesici Ucun Fiziksel ve Kimyasal Özellikleri

Özellik	Değeri
Yoğunluğu (g/cm^3)	14,2
Kobalt Oranı	%13
Sertliği (Hv10)	1470
Tane Büyüklüğü (∝m)	0,8
TRS (N/mm^2)	4200

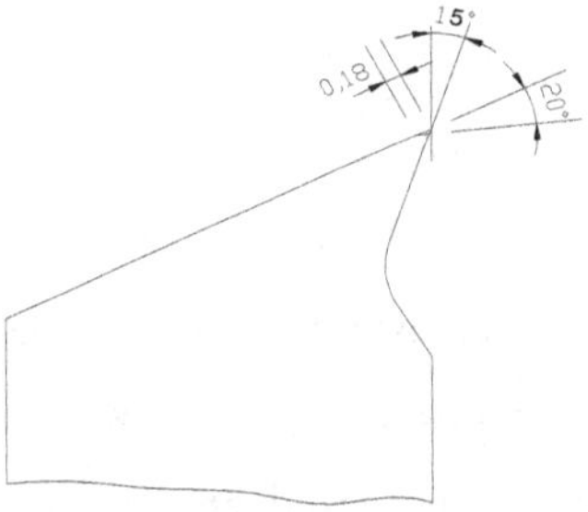

Şekil. 4.7. Kesici Ucun Pahı

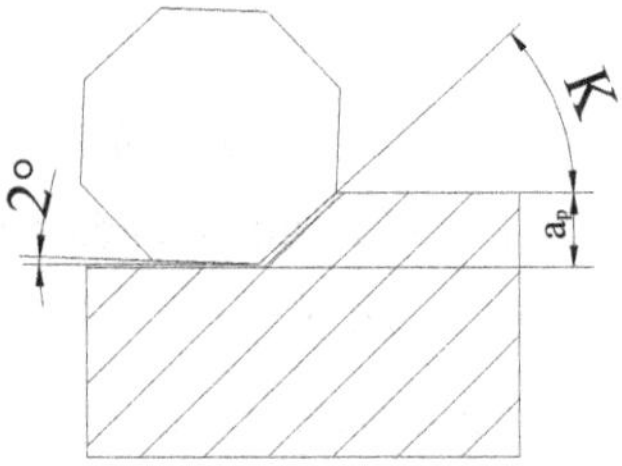

Şekil. 4.8. Kesici Ucun Geometrisi

s = Uç Kalınlığı, 4,56 (± 0,025) mm
I = Uç Genişliği, 17,94 (± 0,025) mm
Kesici Ucun Standardı: OFEN070405-F40M ve H25

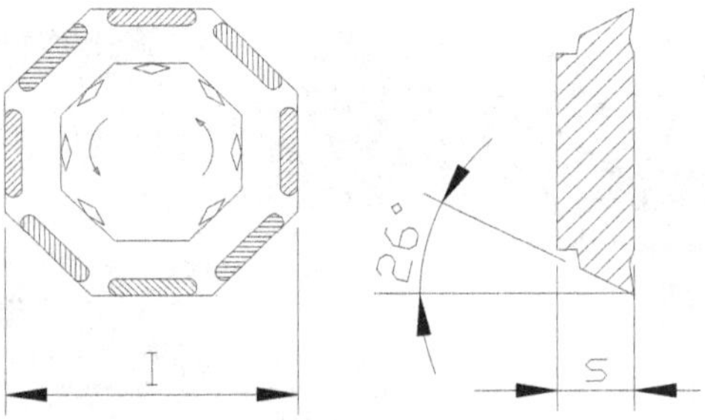

Şekil 4.9. Kesici Ucun Standartları

Şekil 4.10. CNC Freze Tezgahında Çalışma Sırasındaki Görüntüsü

4.2.3. Üç Boyutlu Kesme Kuvveti Ölçen Dinamometre

Bir noktadan etki eden kuvveti X, Y ve Z eksenlerindeki bileşenleri ölçmek için kullanılmıştır. Metal plakalar arasına monte edilmiş dört adet üç eksenli kuvvet sensörü bulunmaktadır. Her sensörde üç çift kuartz plaka var ve bunlar Z yönünde basınç, diğerleri ise X ve Y yönlerindeki kesme kuvvetlerini ölçmektedir. Dinamometreden sensörler vasıtasıyla gelen frekanslar yük amplifikatöre oradan da bilgisayar aktararak ölçme yapılmaktadır. Şekil 4.11'de deneyde kullanılan dinamometre görülmektedir.

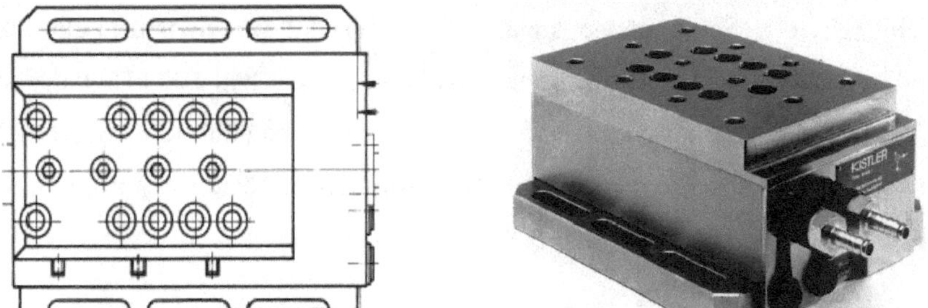

Şekil 4.11. Dinamometre

4.2.4. Yük Amplifikatörü

KISTLER marka 5019B tipi olup, yük amplifikatörü kuvvet sensöründen gelen X, Y ve Z sinyallerini sayısal rakamlara dönüştüren bir mikroişlemcidir. Analog kuvvet sensörün ürettiği sinyalleri sayısal rakamlara dönüştürücü algılama kapasitesine sahiptir. Ölçülmek istenen kuvvet değerlerine göre ayarlanabilmektedir Şekil 4.12'de yük amplifikatörü görülmektedir.

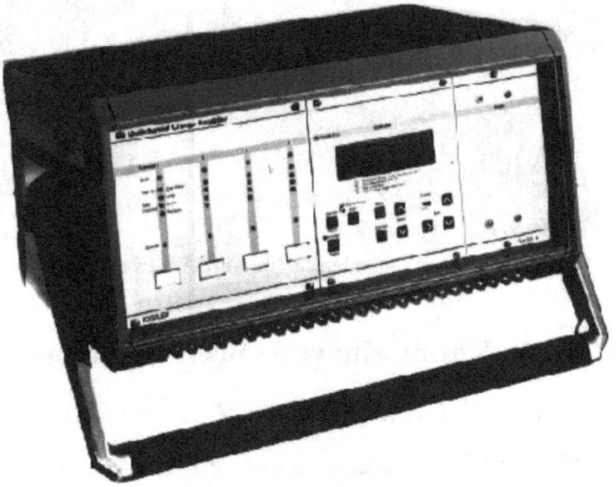

Şekil 4.12 Yük Amplifikatörü

4.2.5. Analiz Programı (DynoWare 2.31)

DynoWare 2.31 yazılım programı yardımı ile sistem amplifikatöründen alınan verileri dönüştürmektedir. Elde edilen veriler otomatik olarak grafiğe dönüştürme ve isteğe bağlı olarak eksenlere ayrıştırılabilmektedir. Veriler Excel programına aktarılabilmektedir. Sekiz ölçme kanalının her biri 12 bit çözünürlülükte, kanal başına ölçme sahası ±10 Volt'tur. Kanal başına örnekleme hızı 100 kHz/kanal sayısı olup, ölçme süresi bilgisayarın hafızası (RAM) ile bağlantılıdır. Şekil 4.13'te dinamometreden ölçülen kuvvetin DynoWare programı ile gösterimi görülmektedir.

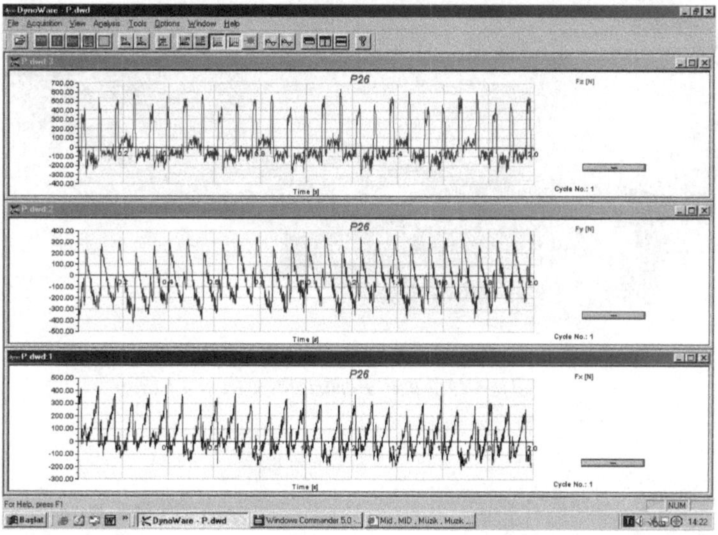

Şekil 4.13. DynoWare Yazılım Programı ile Üç Eksendeki Kuvvet Analizi

4.3. Yüzey Pürüzlülüğü Ölçüm Cihazı

Yoklayıcı uçla yüzey pürüzlülüğü ölçen aletler yüzey pürüzlülüğünü, uygun görülen uzunluk ve çevrelerde ölçer veya kontrol eder. Bu aletlerde yoklayıcı uç, 5,6 mm mesafelik uzunluk üzerinde ölçüm yapmıştır. Yüzey üzerinde gezdirilirken girinti ve çıkıntılara girerek ölçüm gerçekleştirilmektedir. Bu hareket, manyetik bir bobin veya kristalde, elektrik akımına dönüştürülür. Bu elektrik akımı da ilgili ünitelerde büyütülerek bir ibre yardımıyla veya dijital olarak görünmektedir. Dijital olarak görüntülenen değerleri grafiğe dönüştürüp çıktı alınabilmektedir. Burada R_a, R_z, R_{max} değerleri $\propto$m vermektedir. Cihazın ölçüm anındaki görüntüsü Şekil 4.14'te ve Şekil 4.15'te de yüzey pürüzlülüğü grafiği görülmektedir. Deneysel çalışmada MAHR firmasının Perthometer M1 tipi yüzey pürüzlülüğü ölçüm cihazı kullanılmıştır.

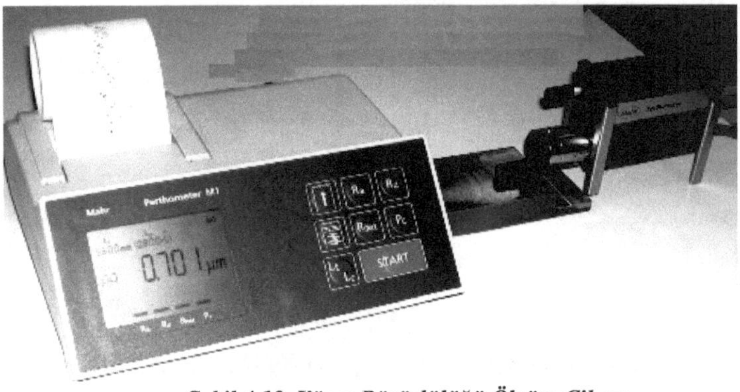

Şekil 4.13. Yüzey Pürüzlülüğü Ölçüm Cihazı

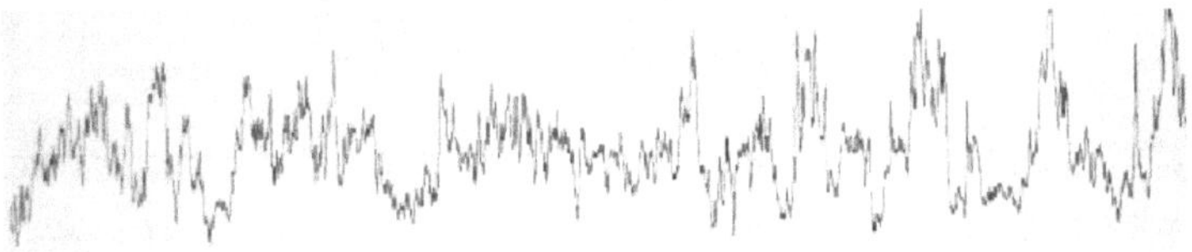

Şekil 4.14. Yüzey Pürüzlülük Cihazında Ölçümün Grafiği

4.4. İndikatör

Kesici uçların Z eksenindeki ölçüm hatalarını minimum seviyeye indirmek için dijital bir indikatör kullanılmıştır. İndikatörün Z eksenindeki değişimleri daha hassas algılayabilmesi için özel bir düzenek hazırlanmıştır. Şekil 4.16'da gösterilen düzenek yardımıyla kesici tutucu üzerindeki kesici uçlar tek tek ayarlanmıştır. İndikatör 0,001 mm hassasiyetinde ve 32 mm çalışma aralığındadır. İstenilen noktada sıfırlama yapılabilme özelliği mevcuttur. Ölçülen büyüklerin dinamik olarak görme imkanı olduğu gibi; sadece max ve min ölçüleri de görme imkanı vardır. Kesici uçları hatasız bağlamak imkansızdır. Çünkü kesici uçlar üretim aşamasında belli bir tolerans ile üretildikleri için hata olması olasıdır. Üretici firmada kesici uçlar radyal ve eksenel ilk bağlama hataları ölçülmüştür. İndikatör sayesinde en az hata ile kesici uçlar tutucuya monte edilmeye çalışılmıştır. Tablo 4.5 ve 4.6'da kesici uçların ilk yerleştirme hataları görülmektedir.

Tablo 4.5. Kaplamalı Takımın Radyal ve Eksenel İlk Yerleştirme Hataları

Kesici Takım No	Radyal Eksendeki İlk Yerleştirme Hatası, (mm)	Eksenel Eksendeki İlk Yerleştirme Hatası, (mm)
1	0	0
2	-0,05	-0,01
3	0,02	-0,01
4	0,01	-0,03

Tablo 4.6. Kaplamasız Takımın Radyal ve Eksenel İlk Yerleştirme Hataları

Kesici Takım No	Radyal Eksendeki İlk Yerleştirme Hatası, mm	Eksenel Eksendeki İlk Yerleştirme Hatası, mm
1	0	0
2	0,030	-0,005
3	0,080	-0,040
4	0,045	-0,025

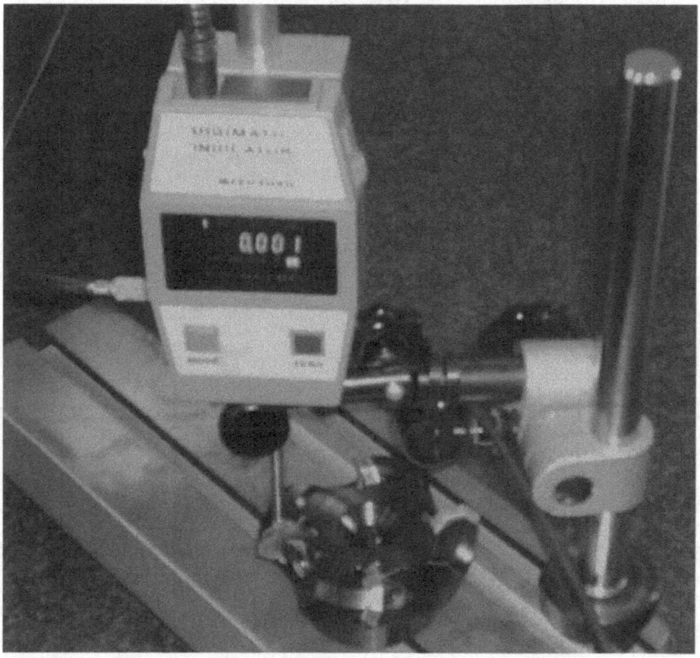

Şekil 4.16. Kesici Uçların Z eksenindeki Hataları Ölçmek için Kullanılan İndikatör

4.5. Kesici Uçlarda Aşınma Ölçümü

Deneysel çalışmada kullanılan kesici uçların aşınmaları ve fotoğrafları Nikon Nexiv VMR-3020 video ölçüm sistemi ile elde edildi. Tablo 4.7'de teknik özellikler ve Şekil 4.17'de donanım görülmektedir. Cihazın otomatik odaklama ve video çekme özellikleri bulunmaktadır. Kesici uçlarda meydana gelen aşınmaların üç boyutlu olarak ölçümü sağlanabilmektedir.

Tablo 4.7. Nikon Nexiv VMR-3020 Cihazın Teknik Özellikleri

Ölçüm alanı (X, Y, Z) (mm)	300 X 200 X 150
Minimum okuma (μm)	0,1
Maksimum iş parçası kütlesi (kg)	20
Çalışma mesafesi (mm)	50
Ortam sıcaklığı (°C)	20,7 ± 0,5
Nem oranı (%)	55 ± 2

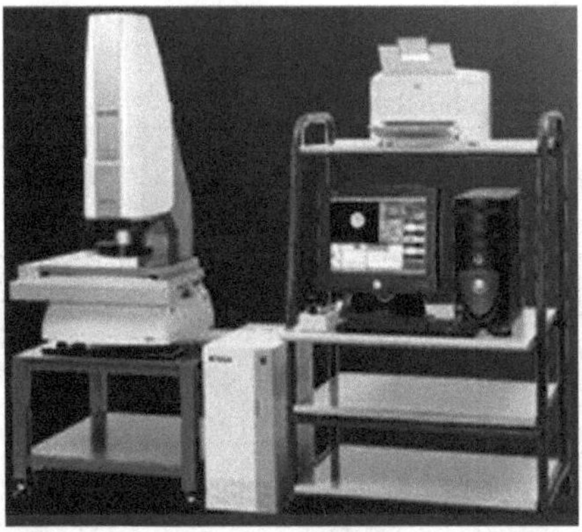

Şekil 4.17. Nikon Nexiv VMR-3020 Video Ölçüm Cihazı

4.6. Kalibrasyon

Kalibrasyon, yapılacak ölçüm ve analizlerin doğruluğunu kontrol etmektir. Bu amaca ulaşmak için belli kütlelerle Z eksenindeki kuvvetin (N) sayısal değerinin ölçümü yapılmıştır. Kistler firmasının [70] cihazın kalibrasyon için donanıma veriler girilerek yapılabilmektedir. Sensörün ürettiği elektriksel gerilimlerden kuvvet değerlerini program üretmektedir. Tablo 4.8'de belli kütlelerinin ve ağırlıklarının karşılıkları görülmektedir. Şekil 4.18'de 4726 gramlık kütlenin Z eksenindeki kalibrasyonu görülmektedir.

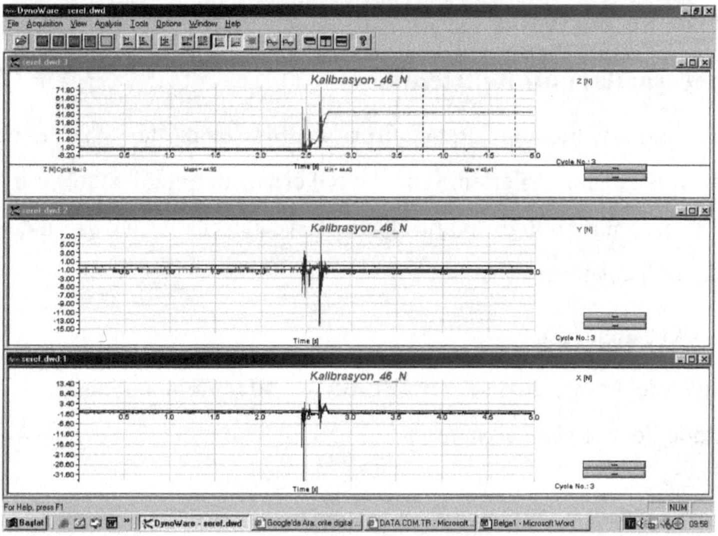

Şekil 4.18. Belli Bir Kütle ile Z Eksenindeki Kuvvetinin Kalibrasyonu

Tablo 4.8. Kütlesi Belli Ağırlıkları ve Newton Olarak Değerleri

Kütle, (g)	Kuvvet, (N)
2402	23,562
2708	26,566
3624	35,551
3728	36,571
4726	***46,362***
9330	91,527
21408	210,013

Tablo 4.9. Kistler Firmasının 9265 B Üç Boyutlu Dinamometre için Öngördüğü Ayar Değerleri

Kalibrasyon Oranı (kN)	Hassasiyet pC/N	Doğrusallık ≤±% FSO	Kanallar Arası Etkileşim (%)
Fx 0 15	-7,92	0,1	x---› y 0,4 x---› z -1,7
Fx 0 1,5	-7,87	0,1	x---› y 0,3 x---› z -1,5
Fy 0 15	-7,84	0,1	y---› x 0,2 y---› z -0,7
Fy 0 1,5	-7,80	0,1	y---› x 0,2 y---› z -0,4
Fz 0 30	-3,64	0,1	z---› x -0,2 z---› y -0,2
Fz 0 3	-3,63	0,1	z---› x -0,2 z---› y -0,2

5. Sonuçlar Ve Tartışma

5.1. Deney Şartlarının Belirlenmesi

Kesme şartları; literatür, üretici firma ve ISO standartları göz önüne alınarak düzenlendi. Kesme hızı, ilerleme hızı ve kesme derinliği faktörlerinin kesme kuvvetleri, yüzey pürüzlülüğü, takım aşınması ve talaşın formu üzerindeki etkileri deneysel olarak incelenmektedir.

5.1.1. Kesme Hızı

Deneylerde kesme hızı olarak 30, 35 ve 40 m/min kullanıldı. Kesme hızı aşağıdaki ifade ile hesaplanmaktadır:

$$V_c = \frac{\pi.D.n}{1000} \qquad \textbf{(5.1)}$$

Burada,

V_c= Kesme hızı, (m/min)

D= Tutucu çapı, (mm)

n= Devir sayısı, (dev/min)

olmaktadır.

5.1.2. İlerleme Hızı

ISO standartları [71] ve üretici firmalar son frezeleme için diş başına ilerleme miktarını 0,10 diş/mm olarak tavsiye etmektedirler. İlerleme hızı aşağıdaki ifade ile hesaplanmaktadır:

$$f = f_z z\ n \qquad \textbf{(5.2)}$$

f= İlerleme hızı, (mm/min)

f_z= Diş başına ilerleme miktarı, (diş/mm)

z= Kesici uç sayısı,

bu tezde ilerleme hızı; 60, 70, 80, 90 ve 100 mm/min olarak kullanılmaktadır.

5.1.3. Kesme Derinliği

Deneylerde, kesme derinliği malzemenin işlenebilirliği, kesici takımın performansı ve frezeleme yöntemi göz önünde tutularak 0,25, 0,50 ve 0,75 mm olarak alındı. Tablo 5.1'de deneyde kullanılan kesme parametreleri görülmektedir.

Tablo 5.1. Deneysel Çalışmada Kullanılan Talaş Kaldırma Verileri

Deney No	Kesme Derinliği, (a_p, mm)	İlerleme Hızı, (f, mm/min)	Kesme Hızı, (V_c, m/min)
1	0.25	60	30
2		70	30
3		80	30
4		90	30
5		100	30
6		60	35
7		70	35
8		80	35
9		90	35
10		100	35
11		60	40
12		70	40
13		80	40
14		90	40
15		100	40
16	0,50	60	30
17		70	30
18		80	30
19		90	30
20		100	30
21		60	35
22		70	35
23		80	35
24		90	35
25		100	35
26		60	40
27		70	40
28		80	40
29		90	40
30		100	40
31	0,75	60	30
32		70	30
33		80	30
34		90	30
35		100	30
36		60	35
37		70	35
38		80	35
39		90	35
40		100	35
41		60	40
42		70	40
43		80	40
44		90	40
45		100	40

5.2. Düzlem Yüzey Frezeleme Yöntemi

Deneysel çalışmada iki farklı frezeleme yöntemi kullanılarak talaş kaldırma işlemi iki şekilde gerçekleştirildi. Bunlar düzlem yüzey simetrik ve asimetrik frezeleme yöntemleridir.

5.2.1. Düzlem Yüzey Simetrik Frezeleme

Simetrik frezeleme yönteminde kesici takımın dönme ekseni ile iş parçasının ekseni aynı çizgi üzerindedir. Kesici takımın ekseni talaş kaldırma esnasında iş parçasının tam orta noktasından hareket etmelidir. Simetrik frezeleme işleminin olabilmesi için kesici takımın kesme çapı iş parçasının frezelenecek genişliğinden daima büyük olmalıdır. Simetrik frezelemede takım iş parçasına minimumdan girip orta noktasında talaş kesiti maksimuma ulaşıp çıkışta da girişteki gibi minimuma gelmektedir (Şekil 5.1). Talaş kaldırma esnasında kesici ucun iş parçasını kavrama açısı işlenebilirliği etkilemektedir. Kavrama açısı aşağıdaki formül ile hesaplanmaktadır:

$$\psi_{o\,smt} = 2\arcsin(\frac{a_e}{D}) \qquad \textbf{(5.3)}$$

Burada, simetrik kavrama açısı,

$\psi_{o\,smt}$=105°

olmaktadır.

a_e = 50 mm

D = 63 mm

değerleri seçilmiştir.

D: Çap,

a_e: Kesme genişliği,

Ψ_o: Kavrama Açısı,

$\Psi_{o\,smt}$: Simetrik kavrama Açısı,

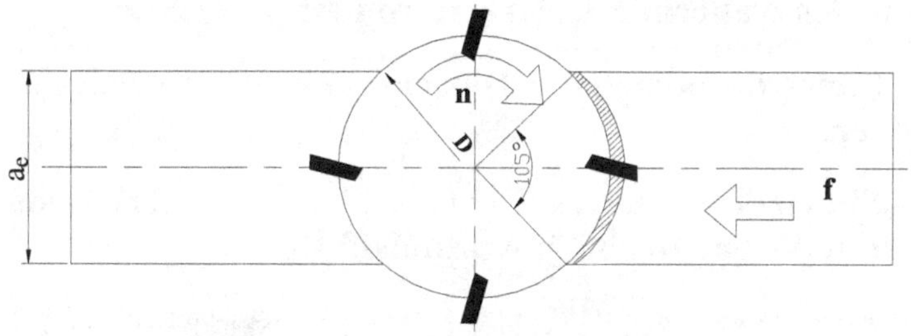

Şekil 5.1. Düzlem Yüzey Simetrik Frezeleme

5.2.2. Düzlem Yüzey Asimetrik Frezeleme

Asimetrik frezeleme işleminde için kesici takım ekseni ile iş parçasının ekseni çakışmamaktadır. Talaş kesiti maksimumdan başlar kesme sonunda minimuma gider (Şekil 5.2). Kesme kuvveti ve takım ömrü açısından önerilen yöntemdir. Bu yöntemde kesici uç malzemeye göre bir j parametresi oluşturur ve j=0,05.D tavsiye edilmektedir [20] . J parametresine bağlı olarak kavrama açısı aşağıdaki gibi hesaplanır.

$$\psi_{o\,asmt} = \arcsin(1 - \frac{2j}{D}) + \arcsin(\frac{2}{D}(a_e + j) - 1) \qquad \textbf{(5.4)}$$

Burada, oluşan asimetrik kavrama açısı,

$\psi_{o\,asmt}$ =108°

j = 3 mm alınmıştır.

$\Psi_{o\,asmt}$: Asimetrik kavrama açısı

j: Düzlem yüzey asimetrik frezelemede, kesici ucun meydana getirdiği çap yörüngesi ile iş parçasının kenarı arasındaki mesafedir.

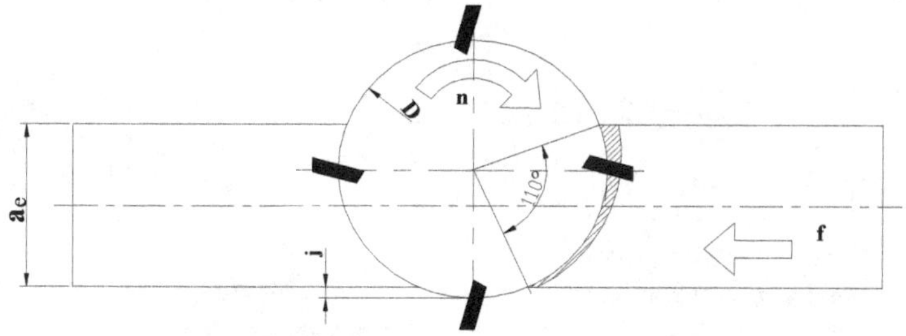

Şekil 5.2. Düzlem Yüzey Asimetrik Frezeleme

5.3. Kesme Kuvvetlerinin Değerlendirilmesi

5.3.1. Simetrik-Asimetrik Düzlem Yüzey Frezeleme Kesme Kuvvetleri

5.3.1.1. Simetrik-Asimetrik Düzleme Yüzey Frezelemede Kesme Kuvveti ile Kesme Derinliği Arasındaki İlişki

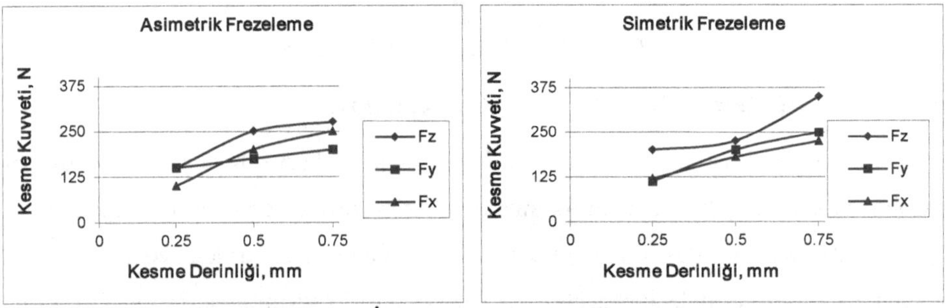

Şekil 5.3. Düzlem Yüzey Frezeleme İşleminde Kesme Derinliğinin Kesme Kuvvetlerine Etkisi (Vc=30 m/min, f=60 mm/min)

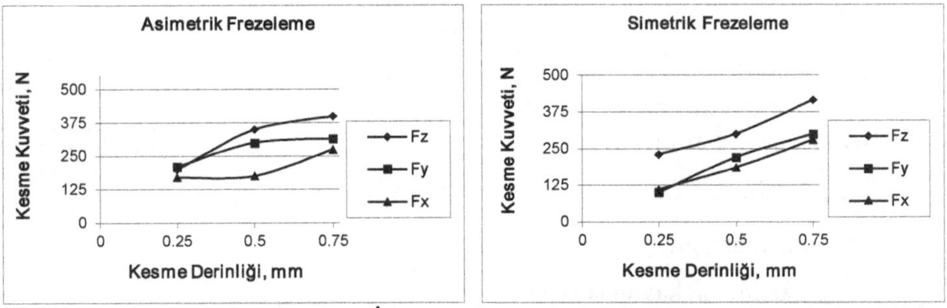

Şekil 5.4. Düzlem Yüzey Frezeleme İşleminde Kesme Derinliğinin Kesme Kuvvetlerine Etkisi (Vc=30 m/min, f=80 mm/min)

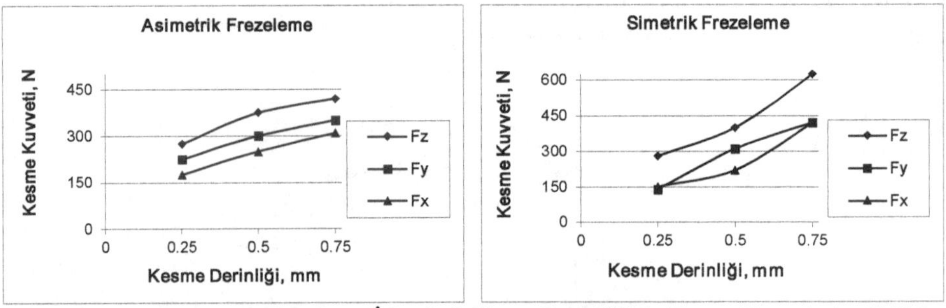

Şekil 5.5. Düzlem Yüzey Frezeleme İşleminde Kesme Derinliğinin Kesme Kuvvetlerine Etkisi (Vc=30 m/min, f=100 mm/min)

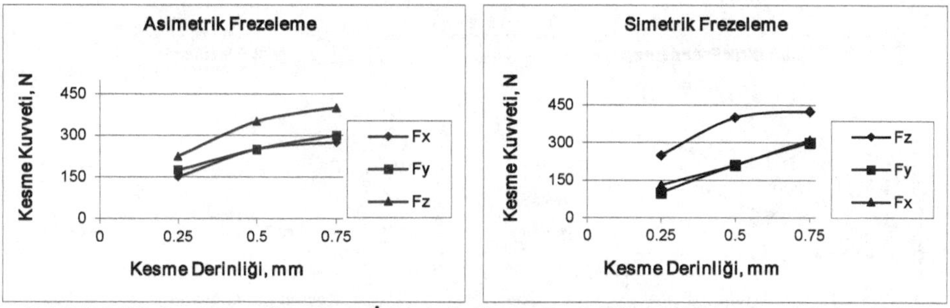

Şekil 5.6. Düzlem Yüzey Frezeleme İşleminde Kesme Derinliğinin Kesme Kuvvetlerine Etkisi (Vc=35 m/min, f=60 mm/min)

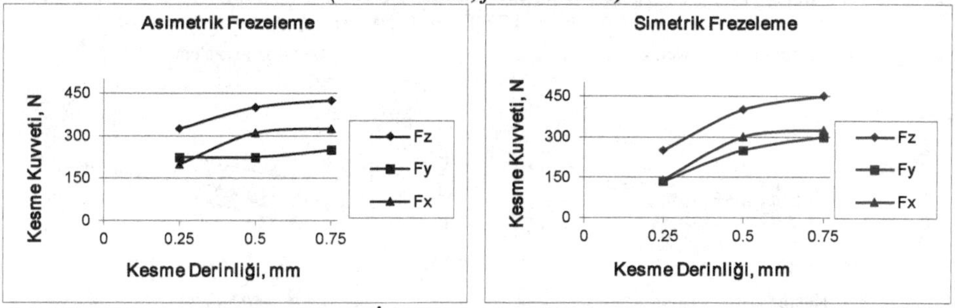

Şekil 5.7. Düzlem Yüzey Frezeleme İşleminde Kesme Derinliğinin Kesme Kuvvetlerine Etkisi (Vc=35 m/min, f=80 mm/min)

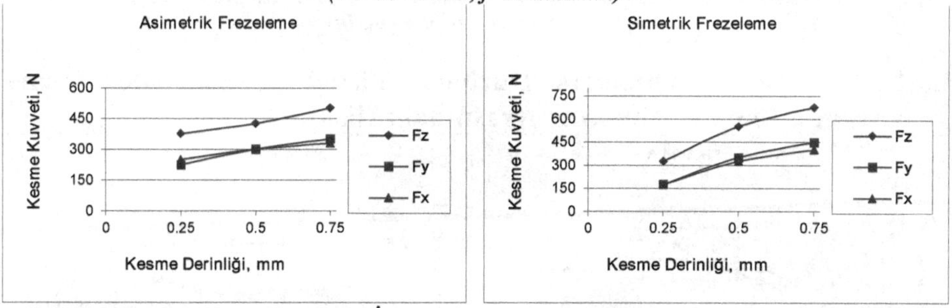

Şekil 5.8. Düzlem Yüzey Frezeleme İşleminde Kesme Derinliğinin Kesme Kuvvetlerine Etkisi (Vc=35 m/min, f=100 mm/min)

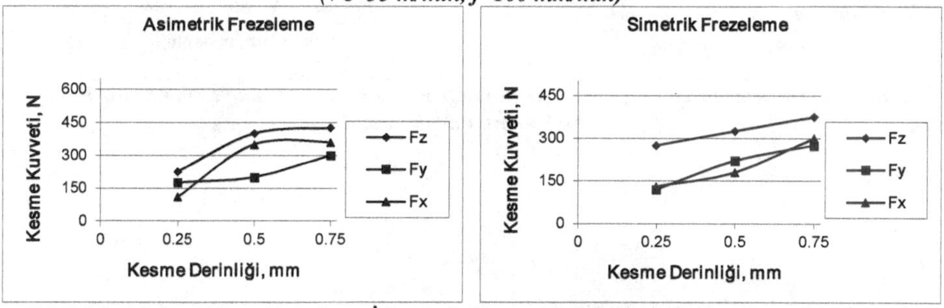

Şekil 5.9. Düzlem Yüzey Frezeleme İşleminde Kesme Derinliğinin Kesme Kuvvetlerine Etkisi (Vc=40 m/min, f=60 mm/min)

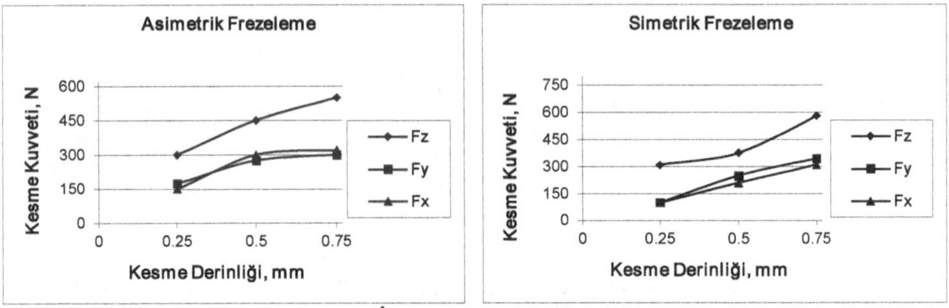

Şekil 5.10. Düzlem Yüzey Frezeleme İşleminde Kesme Derinliğinin Kesme Kuvvetlerine Etkisi (Vc=40 m/min, f=80 mm/min)

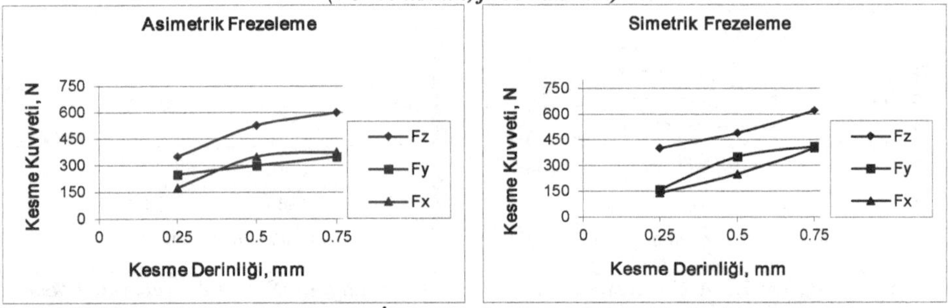

Şekil 5.11. Düzlem Yüzey Frezeleme İşleminde Kesme Derinliğinin Kesme Kuvvetlerine Etkisi (Vc=40 m/min, f=100 mm/min)

5.3.1.2. Simetrik-Asimetrik Düzleme Yüzey Frezelemede Kesme Kuvvetleri ile İlerleme Hızı Arasındaki İlişki

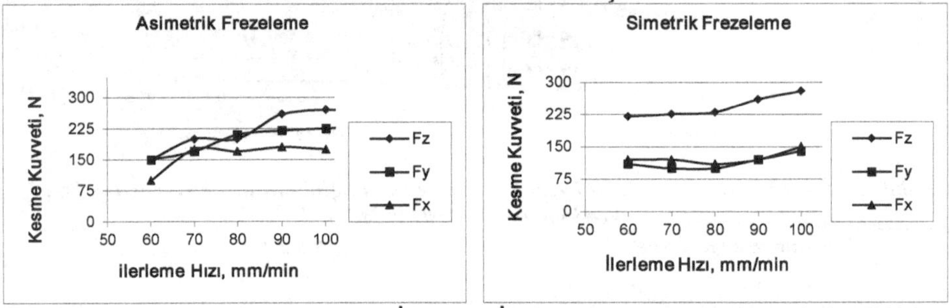

Şekil 5.12. Düzlem Yüzey Frezeleme İşleminde İlerleme Hızının Kesme Kuvvetlerine Etkisi (ap=0,25 mm, Vc=30 m/min)

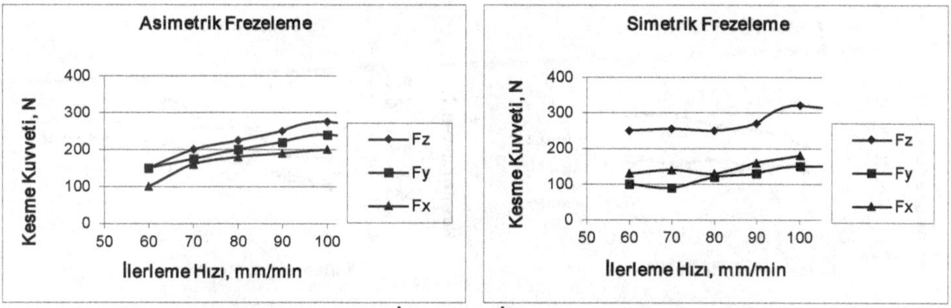

Şekil 5.13. Düzlem Yüzey Frezeleme İşleminde İlerleme Hızının Kesme Kuvvetlerine Etkisi (ap=0,25 mm, Vc=35 m/min)

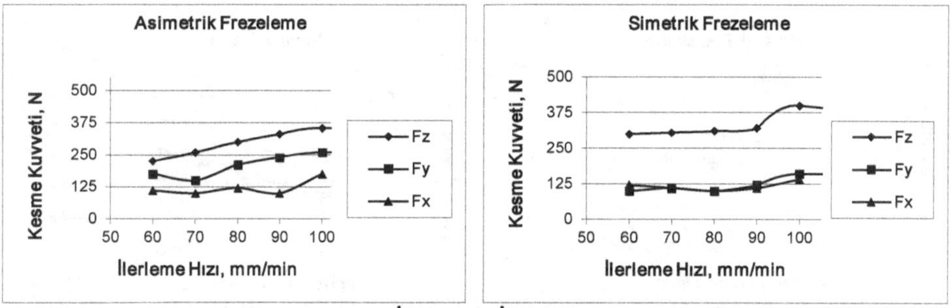

Şekil 5.14. Düzlem Yüzey Frezeleme İşleminde İlerleme Hızının Kesme Kuvvetlerine Etkisi (ap=0,25 mm, Vc=40 m/min)

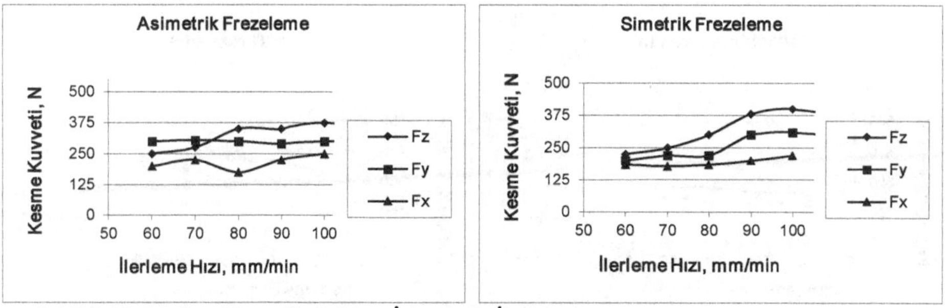

Şekil 5.15. Düzlem Yüzey Frezeleme İşleminde İlerleme Hızının Kesme Kuvvetlerine Etkisi (ap=0,50 mm, Vc=30 m/min)

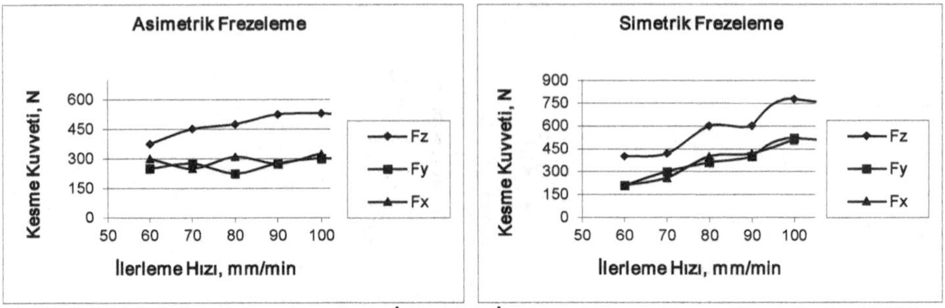

Şekil 5.16. Düzlem Yüzey Frezeleme İşleminde İlerleme Hızının Kesme Kuvvetlerine Etkisi (ap=0,50 mm, Vc=35 m/min)

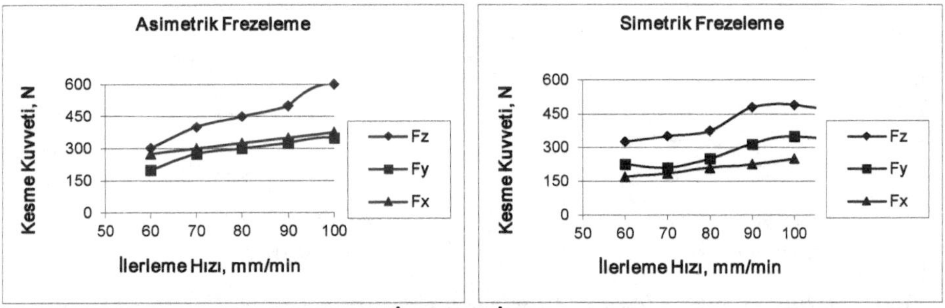

Şekil 5.17. Düzlem Yüzey Frezeleme İşleminde İlerleme Hızının Kesme Kuvvetlerine Etkisi (ap=0,50 mm, Vc=40 m/min)

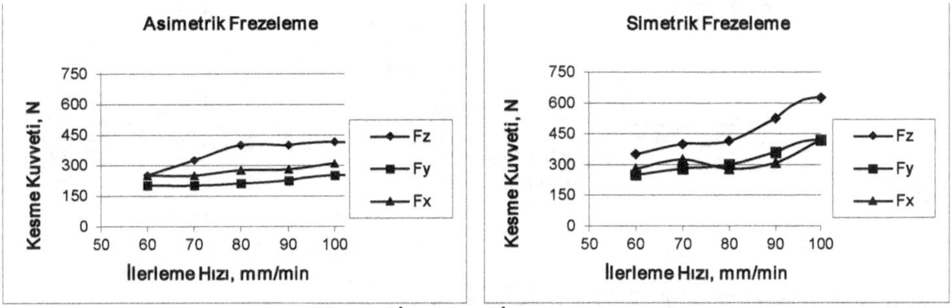

Şekil 5.18. Düzlem Yüzey Frezeleme İşleminde İlerleme Hızının Kesme Kuvvetlerine Etkisi (ap=0,75 mm, Vc=30 m/min)

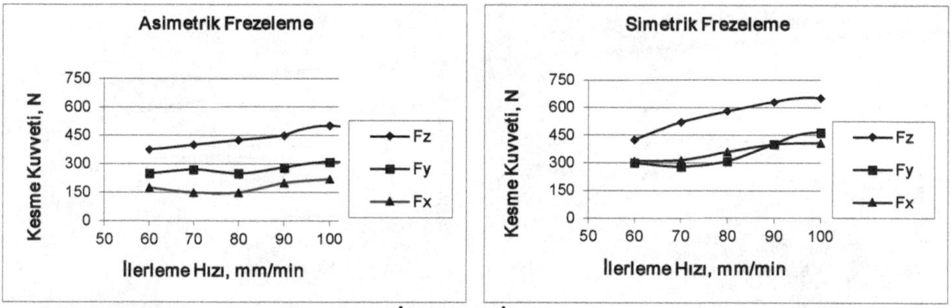

Şekil 5.19. Düzlem Yüzey Frezeleme İşleminde İlerleme Hızının Kesme Kuvvetlerine Etkisi (ap=0,75 mm, Vc=35 m/min)

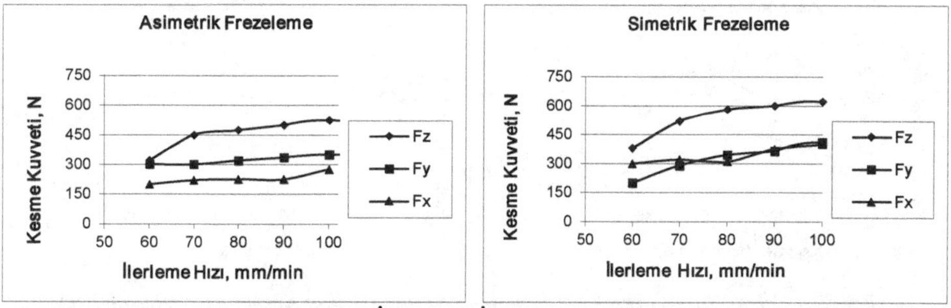

Şekil 5.20. Düzlem Yüzey Frezeleme İşleminde İlerleme Hızının Kesme Kuvvetlerine Etkisi (ap =0,75 mm, Vc=40 m/min)

5.3.1.3. Simetrik-Asimetrik Düzleme Yüzey Frezelemede Kesme Kuvvetleri ile Kesme Hızı Arasındaki İlişki

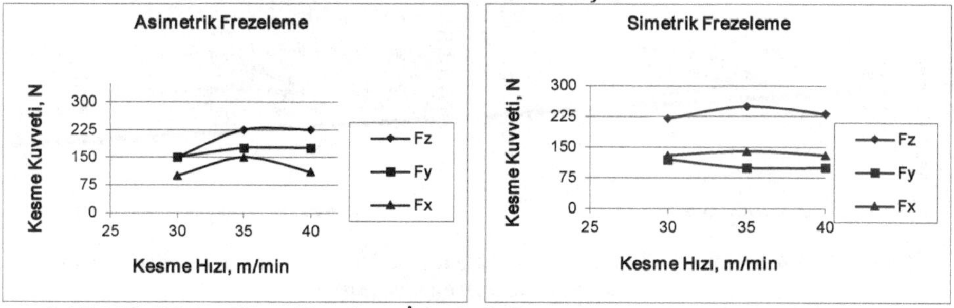

Şekil 5.21. Düzlem Yüzey Frezeleme İşleminde Kesme Hızının Kesme Kuvvetlerine Etkisi (ap=0,25 mm, f= 60 mm/min)

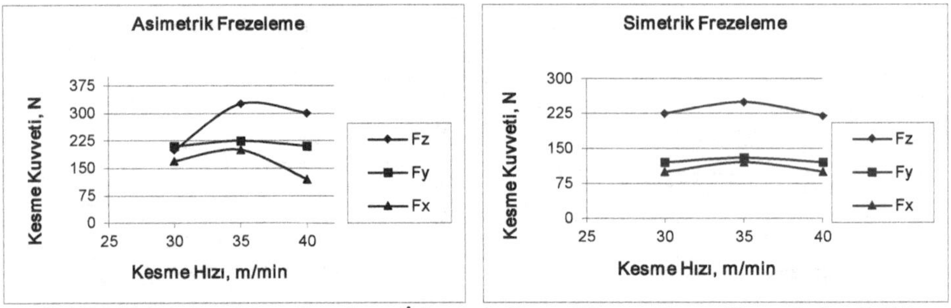

Şekil 5.22. Düzlem Yüzey Frezeleme İşleminde Kesme Hızının Kesme Kuvvetlerine Etkisi (ap=0,25 mm, f= 80 mm/min)

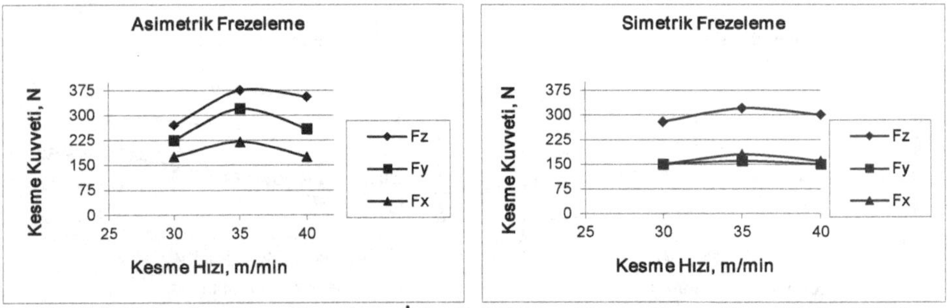

Şekil 5.23. Düzlem Yüzey Frezeleme İşleminde Kesme Hızının Kesme Kuvvetlerine Etkisi (ap=0,25 mm, f= 100 mm/min)

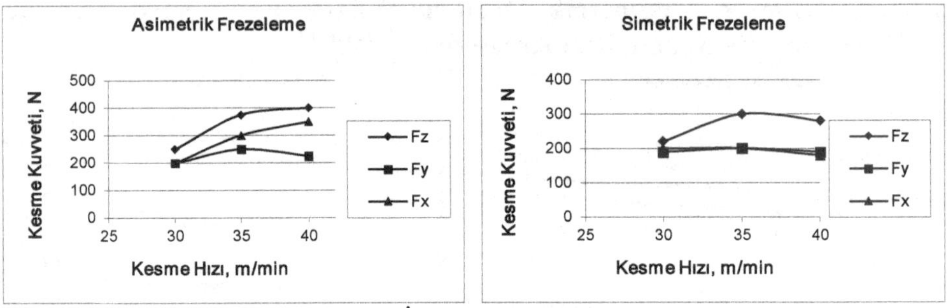

Şekil 5.24. Düzlem Yüzey Frezeleme İşleminde Kesme Hızının Kesme Kuvvetlerine Etkisi (ap=0,50 mm, f= 60 mm/min)

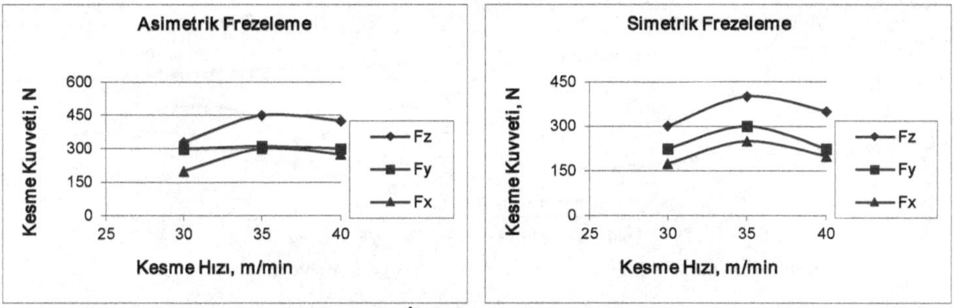

Şekil 5.25. Düzlem Yüzey Frezeleme İşleminde Kesme Hızının Kesme Kuvvetlerine Etkisi (ap=0,50 mm, f= 80 mm/min)

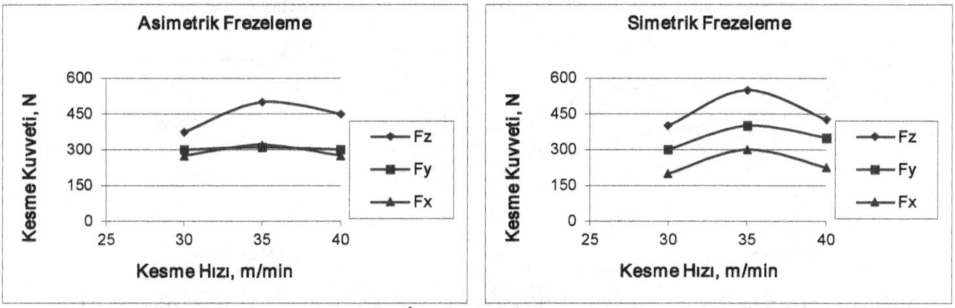

Şekil 5.26. Düzlem Yüzey Frezeleme İşleminde Kesme Hızının Kesme Kuvvetlerine Etkisi (ap=0,5 mm, f= 100 mm/min)

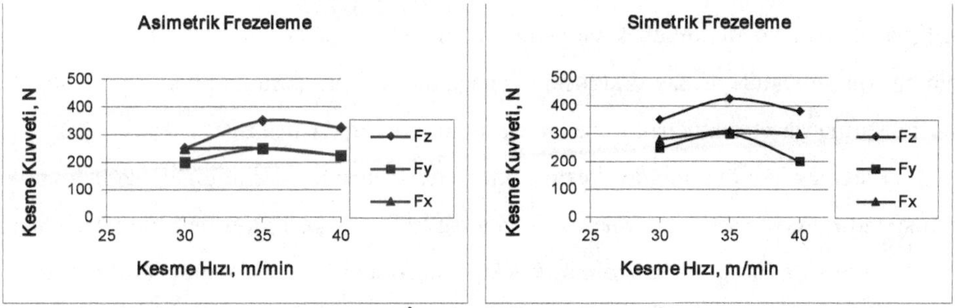

Şekil 5.27. Düzlem Yüzey Frezeleme İşleminde Kesme Hızının Kesme Kuvvetlerine Etkisi (ap=0,75 mm, f= 60 mm/min)

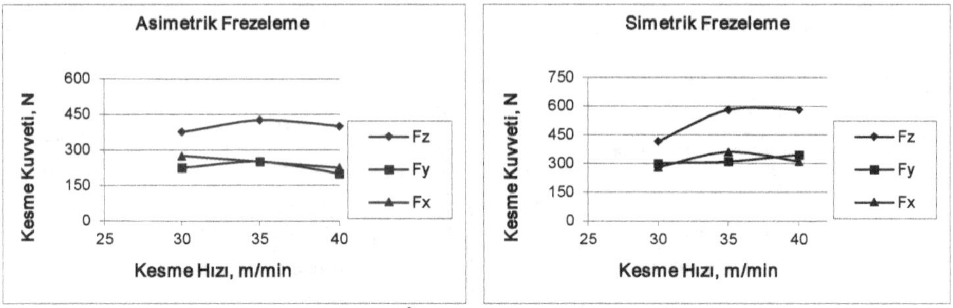

Şekil 5.28. Düzlem Yüzey Frezeleme İşleminde Kesme Hızının Kesme Kuvvetlerine Etkisi (ap=0,75 mm, f= 80 mm/min)

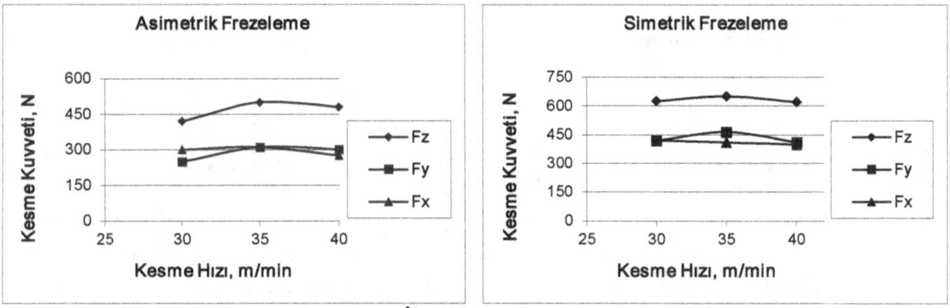

Şekil 5.29. Düzlem Yüzey Frezeleme İşleminde Kesme Hızının Kesme Kuvvetlerine Etkisi (ap=0,75 mm, f= 100 mm/min)

Kobalt esaslı süper alaşımlardan Stellite 6 kaplamalı ve kaplamasız sert maden uçlarla düzlem yüzey simetrik ve asimetrik frezelenerek kesme kuvvetleri deneysel olarak ölçülmüştür. Talaş kaldırma esnasında kesme parametreleri aynı olmak şartıyla simetrik ve asimetrik frezeleme yöntemleri karşılaştırılmıştır.

Frezeleme yönteminde kesme kuvvetleri kesme derinliğine bağlı olarak artmaktadır. Aynı şartlarda simetrik frezelemede F_x, F_y ve F_z kesme kuvvetleri daha büyük çıkmaktadır. Bunu sebebinin; kavrama açısından kaynaklandığı sanılmaktadır. Kavrama açısı küçüldükçe kesme kuvveti büyümektedir (Şekil 5.3-5.11).

İlerleme hızı arttırıldığında kesme kuvvetlerinin arttığı gözlemlenmektedir (Şekil 5.11-5.20). Aynı şartlarda düzleme yüzey asimetrik frezelemede daha küçük kesme kuvveti olmaktadır. Bu literatür ile uyum halindedir.

Aynı kesme şartlarında kesme hızının artmasında genel olarak kesme kuvvetleri azaldığı görülmektedir (Şekil 5.21-5.29). Kesme hızının kesme kuvvetleri üzerindeki doğrudan etkisinin olmadığı görülmektedir. Kesme hızı takım ömrü ile bağlantılıdır. Takım aşınmasını hızlandıran bir faktördür. Simetrik frezelemede F_y ve F_x kesme kuvvetleri belirgin bir değişme olmadığı, F_z kesme kuvvetinin artığı görülmektedir (Şekil 5.3-5.29).

5.3.2. Düzlem Yüzey Frezelemede Kullanılan Kaplamalı-Kaplamasız Kesici Takımlarında Oluşan Kesme Kuvvetleri

5.3.2.1. Düzlem Yüzey Frezelemede Kaplamalı-Kaplamasız Kesici Takımlarında Oluşan Kesme Kuvvetleri ile Kesme Derinliği Arasındaki İlişki

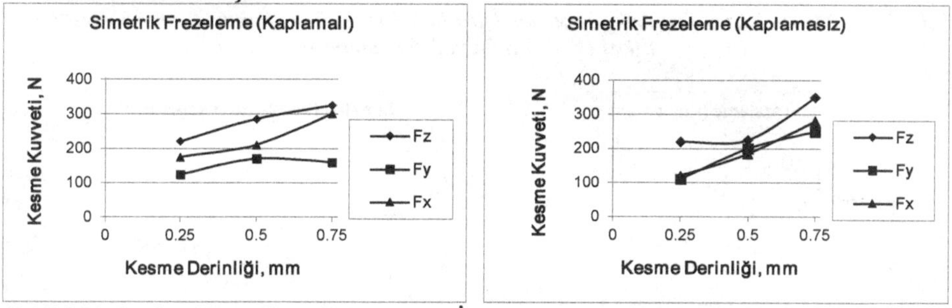

Şekil 5.30. Düzlem Yüzey Simetrik Frezeleme İşleminde Kesme Derinliğinin Kesme Kuvvetlerine Etkisi (Vc=30 m/min, f=60 mm/min)

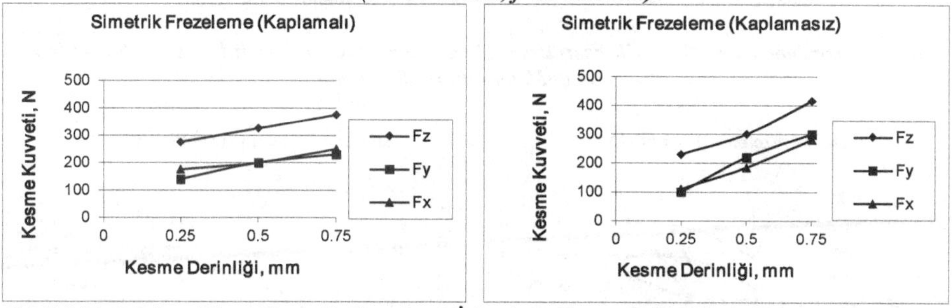

Şekil 5.31. Düzlem Yüzey Simetrik Frezeleme İşleminde Kesme Derinliğinin Kesme Kuvvetlerine Etkisi (Vc=30 m/min, f=80 mm/min)

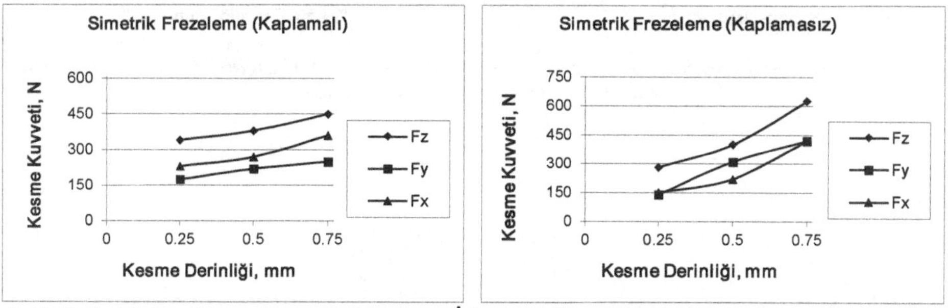

Şekil 5.32. Düzlem Yüzey Simetrik Frezeleme İşleminde Kesme Derinliğinin Kesme Kuvvetlerine Etkisi (Vc=30 m/min, f=100 mm/min)

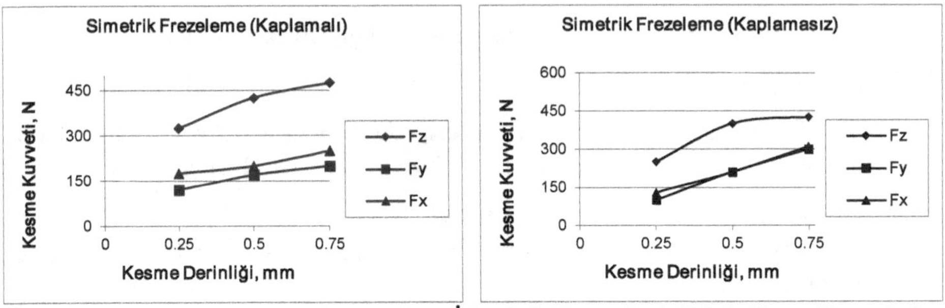

Şekil 5.33. Düzlem Yüzey Simetrik Frezeleme İşleminde Kesme Derinliğinin Kesme Kuvvetlerine Etkisi (Vc=35 m/min, f=60 mm/min)

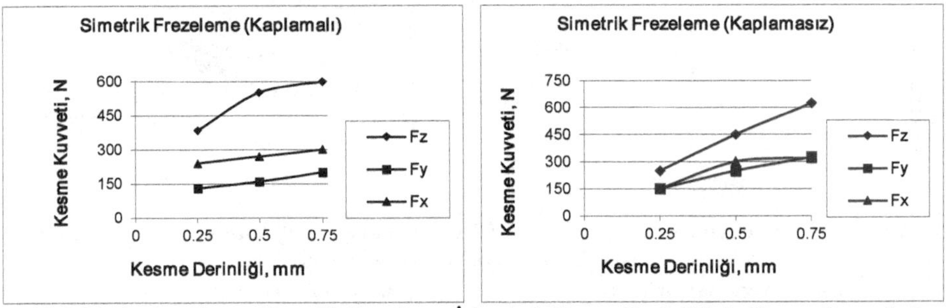

Şekil 5.34. Düzlem Yüzey Simetrik Frezeleme İşleminde Kesme Derinliğinin Kesme Kuvvetlerine Etkisi (Vc=35 m/min, f=80 mm/min)

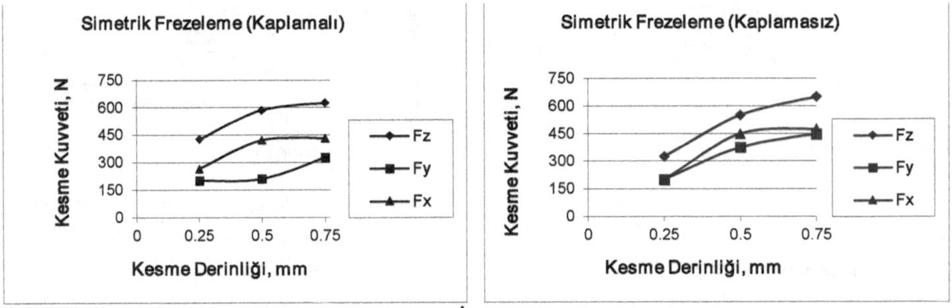

Şekil 5.35. Düzlem Yüzey Simetrik Frezeleme İşleminde Kesme Derinliğinin Kesme Kuvvetlerine Etkisi (Vc=35 m/min, f=100 mm/min)

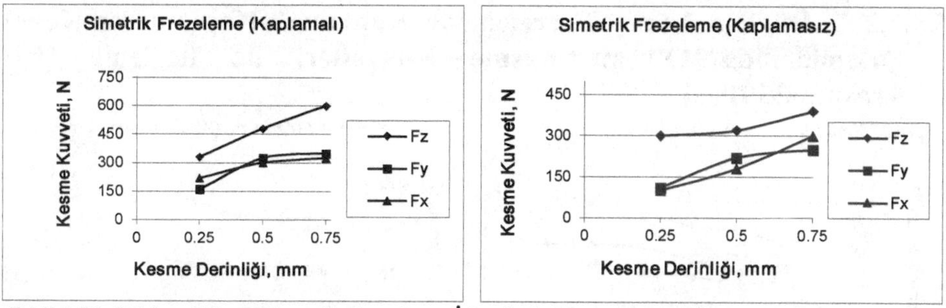

Şekil 5.36. Düzlem Yüzey Simetrik Frezeleme İşleminde Kesme Derinliğinin Kesme Kuvvetlerine Etkisi (Vc=40 m/min, f=60 mm/min)

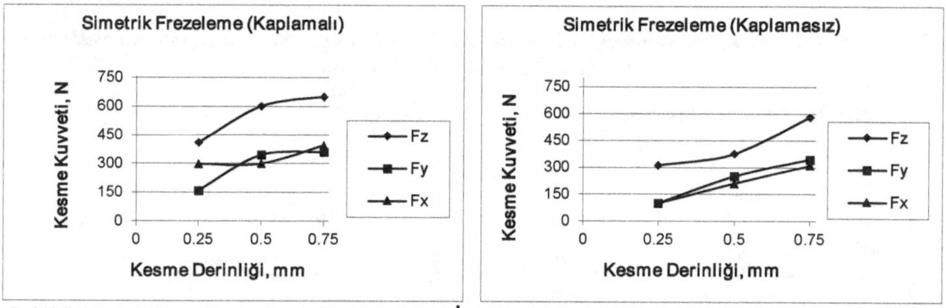

Şekil 5.37. Düzlem Yüzey Simetrik Frezeleme İşleminde Kesme Derinliğinin Kesme Kuvvetlerine Etkisi (Vc=40 m/min, f=80 mm/min)

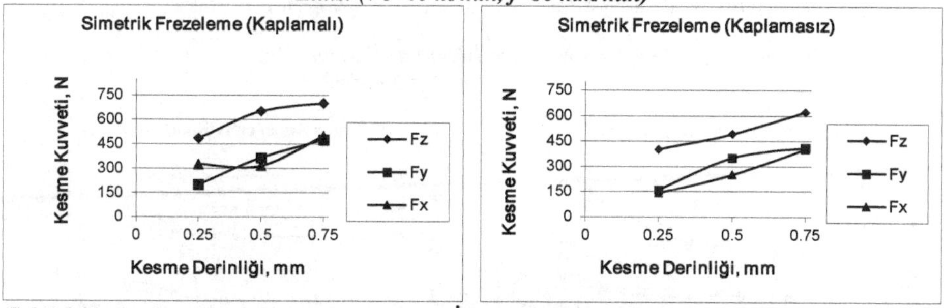

Şekil 5.38. Düzlem Yüzey Simetrik Frezeleme İşleminde Kesme Derinliğinin Kesme Kuvvetlerine Etkisi (Vc=40 m/min, f=100 mm/min)

5.3.2.2. Düzlem Yüzey Frezelemede Kaplamalı-Kaplamasız Kesici Takımlarında Oluşan Kesme Kuvvetleri ile İlerleme Hızı Arasındaki İlişki

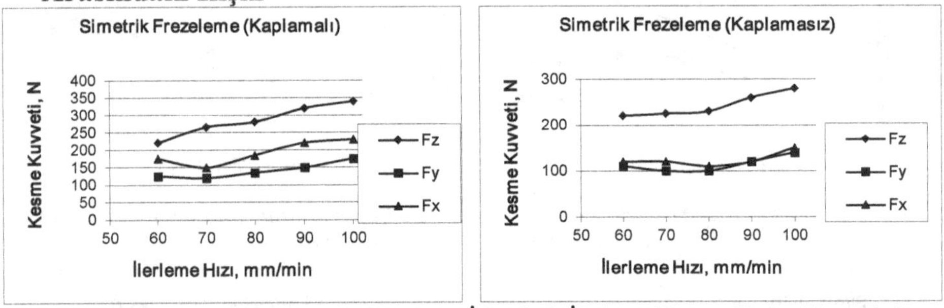

Şekil 5.39. Düzlem Yüzey Simetrik Frezeleme İşleminde İlerleme Hızının Kesme Kuvvetlerine Etkisi (ap=0,25 mm, Vc=30 m/min)

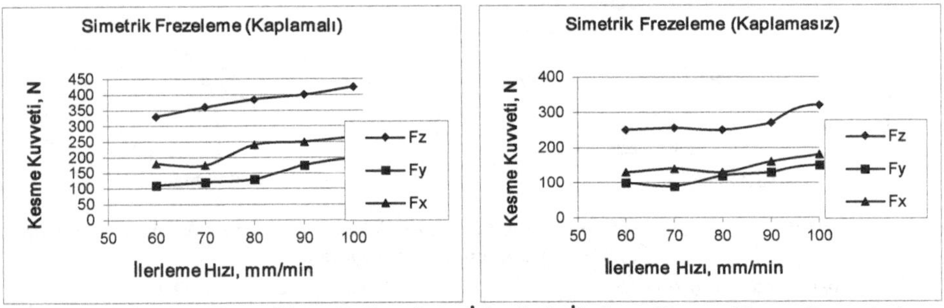

Şekil 5.40. Düzlem Yüzey Simetrik Frezeleme İşleminde İlerleme Hızının Kesme Kuvvetlerine Etkisi (ap =0,25 mm, Vc=35 m/min)

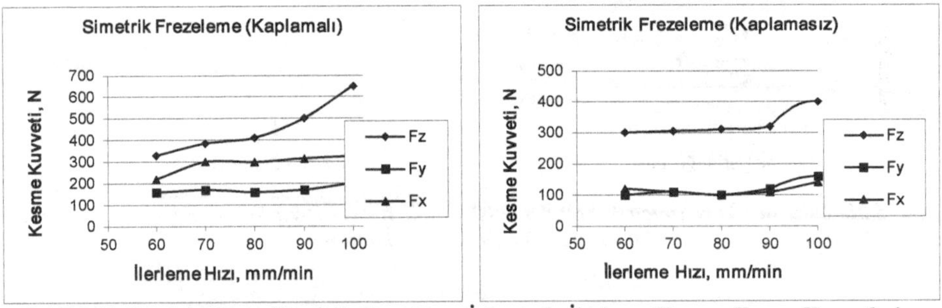

Şekil 5.41. Düzlem Yüzey Simetrik Frezeleme İşleminde İlerleme Hızının Kesme Kuvvetlerine Etkisi (ap =0,25 mm, Vc=40 m/min)

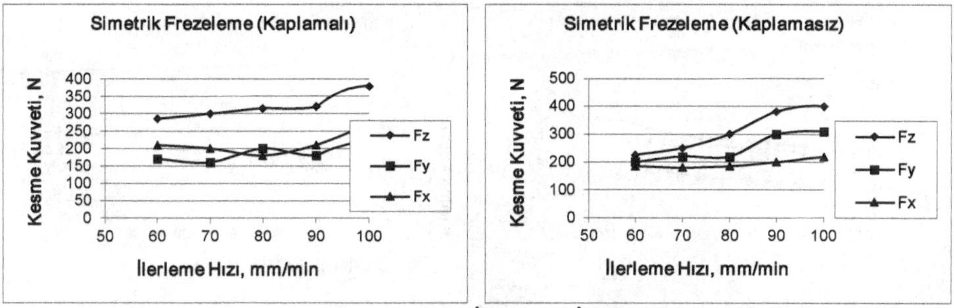

Şekil 5.42. Düzlem Yüzey Simetrik Frezeleme İşleminde İlerleme Hızının Kesme Kuvvetlerine Etkisi (ap=0,50 mm, Vc=30 m/min)

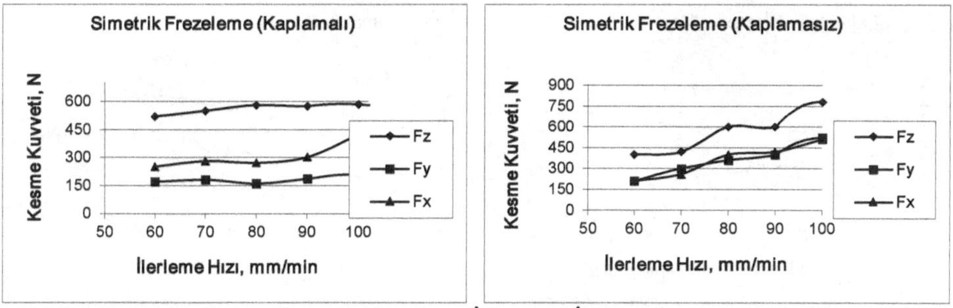

Şekil 5.43. Düzlem Yüzey Simetrik Frezeleme İşleminde İlerleme Hızının Kesme Kuvvetlerine Etkisi (ap=0,50 mm, Vc=35 m/min)

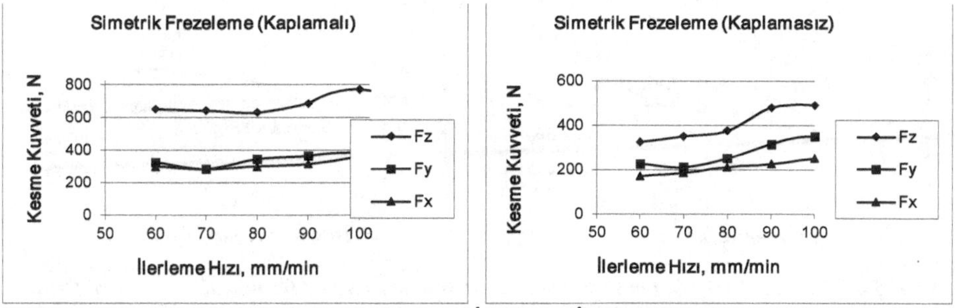

Şekil 5.44. Düzlem Yüzey Simetrik Frezeleme İşleminde İlerleme Hızının Kesme Kuvvetlerine Etkisi (ap=0,50 mm, Vc=40 m/min)

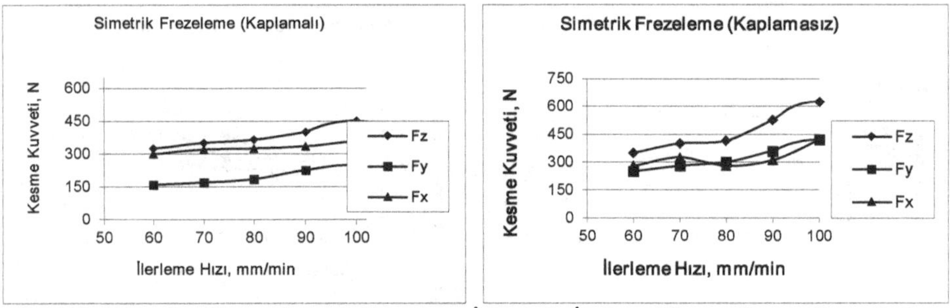

Şekil 5.45. Düzlem Yüzey Simetrik Frezeleme İşleminde İlerleme Hızının Kesme Kuvvetlerine Etkisi (ap=0,75 mm, Vc=30 m/min)

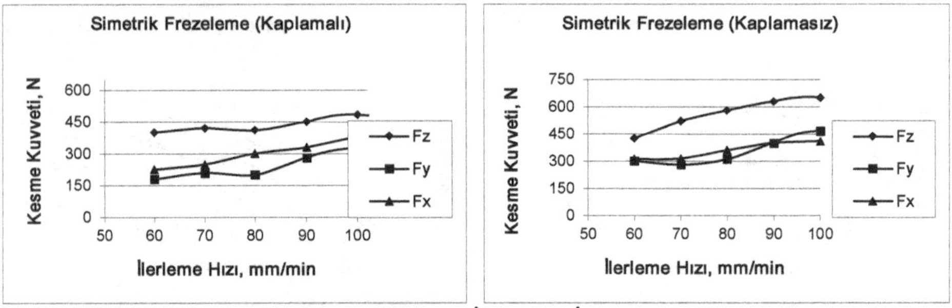

Şekil 5.46. Düzlem Yüzey Simetrik Frezeleme İşleminde İlerleme Hızının Kesme Kuvvetlerine Etkisi (ap=0,75 mm, Vc=35 m/min)

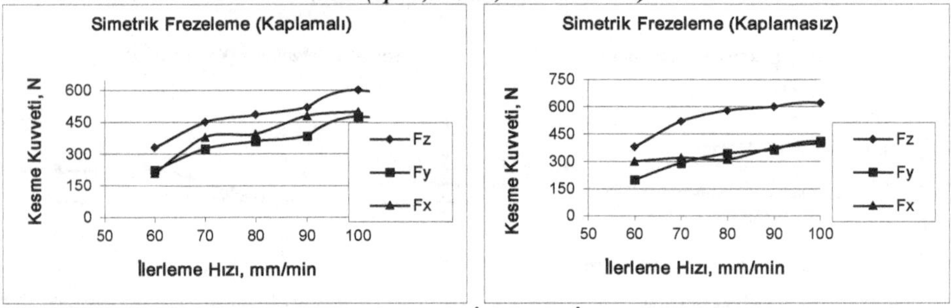

Şekil 5.47. Düzlem Yüzey Simetrik Frezeleme İşleminde İlerleme Hızının Kesme Kuvvetlerine Etkisi (ap=0,75 mm, Vc=40 m/min)

5.3.2.3. Düzlem Yüzey Frezelemede Kaplamalı-Kaplamasız Kesici Takımlarında Oluşan Kesme Kuvvetleri ile Kesme Hızı Arasındaki İlişki

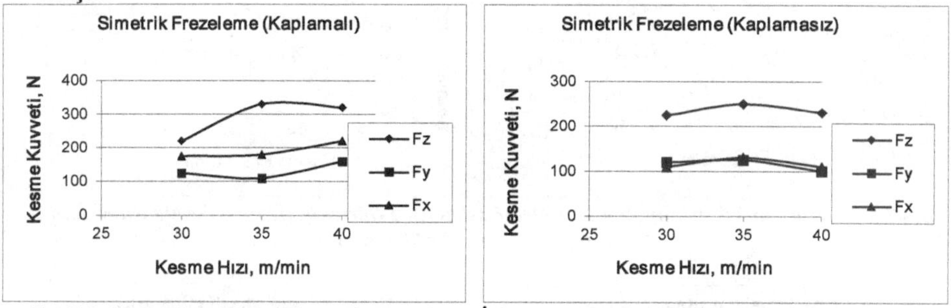

Şekil 5.48. Düzlem Yüzey Simetrik Frezeleme İşleminde Kesme Hızının Kesme Kuvvetlerine Etkisi (ap=0,25 mm, f= 60 mm/min)

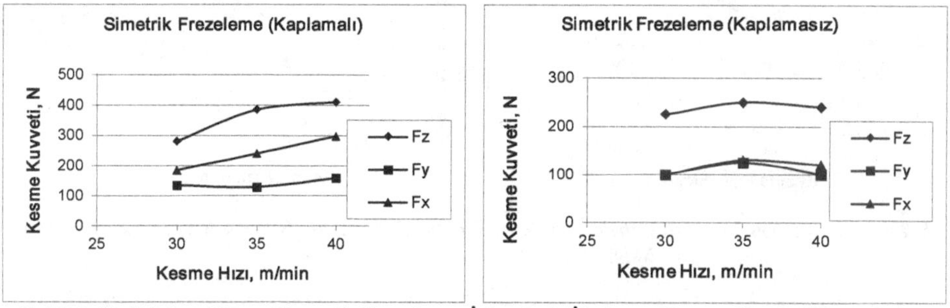

Şekil 5.49. Düzlem Yüzey Simetrik Frezeleme İşleminde İlerleme Hızının Kesme Kuvvetlerine Etkisi (ap=0,25 mm, f= 80 mm/min)

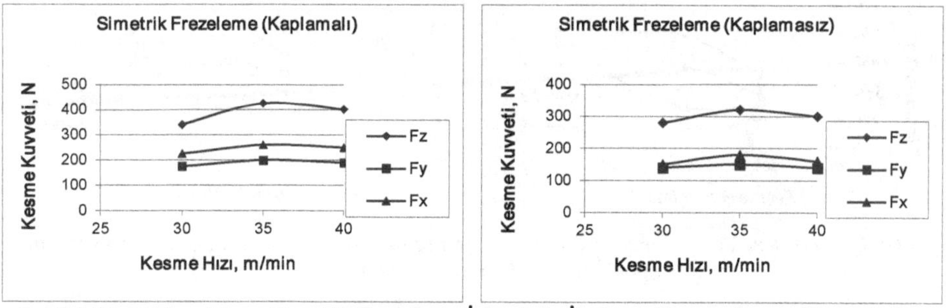

Şekil 5.50. Düzlem Yüzey Simetrik Frezeleme İşleminde İlerleme Hızının Kesme Kuvvetlerine Etkisi (ap=0,25 mm, f= 100 mm/min)

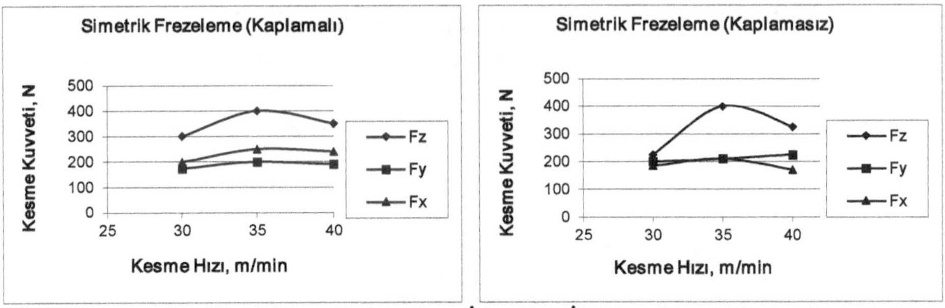

Şekil 5.51. Düzlem Yüzey Simetrik Frezeleme İşleminde İlerleme Hızının Kesme Kuvvetlerine Etkisi (ap=0,50 mm, f= 60 mm/min)

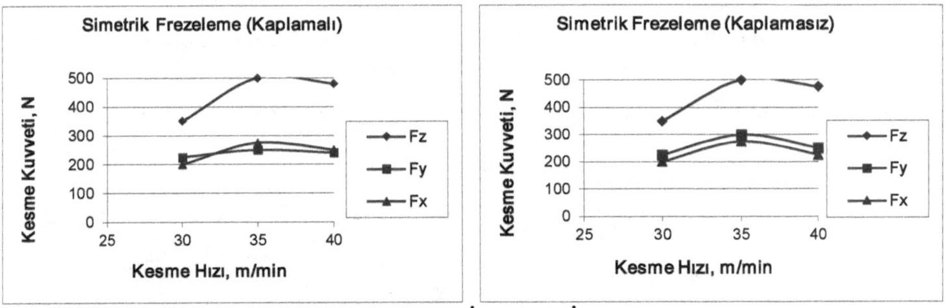

Şekil 5.52. Düzlem Yüzey Simetrik Frezeleme İşleminde İlerleme Hızının Kesme Kuvvetlerine Etkisi (ap = 0,50 mm, f= 80 mm/min)

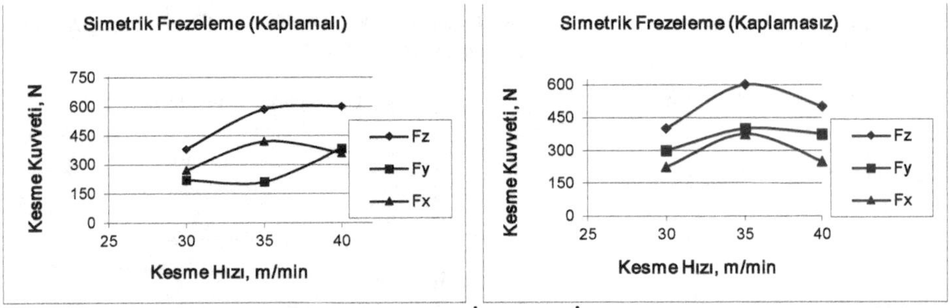

Şekil 5.53. Düzlem Yüzey Simetrik Frezeleme İşleminde İlerleme Hızının Kesme Kuvvetlerine Etkisi (ap =0,50 mm, f= 100 mm/min)

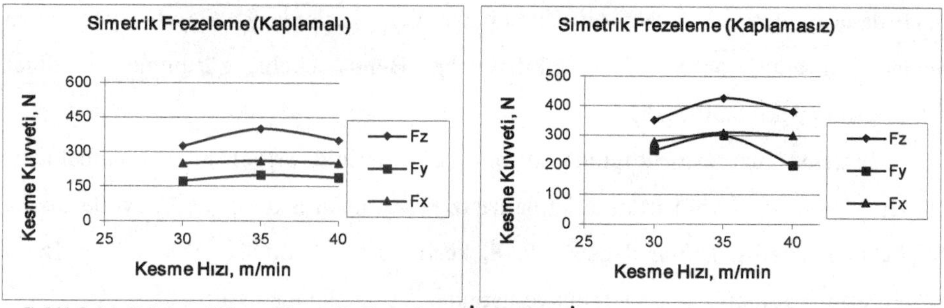

Şekil 5.54. Düzlem Yüzey Simetrik Frezeleme İşleminde İlerleme Hızının Kesme Kuvvetlerine Etkisi (ap=0,75 mm, f= 60 mm/min)

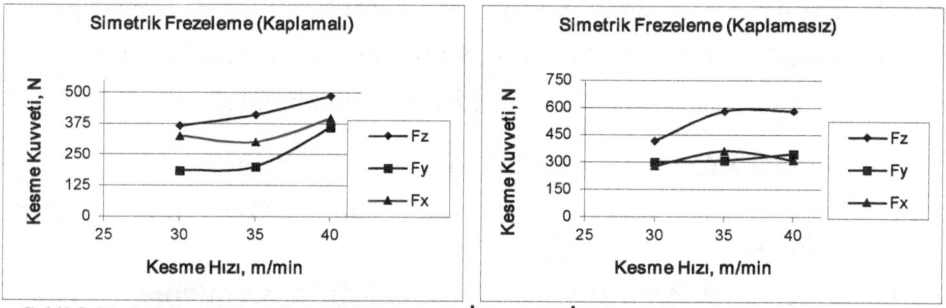

Şekil 5.55. Düzlem Yüzey Simetrik Frezeleme İşleminde İlerleme Hızının Kesme Kuvvetlerine Etkisi (ap=0,75 mm, f= 80 mm/min)

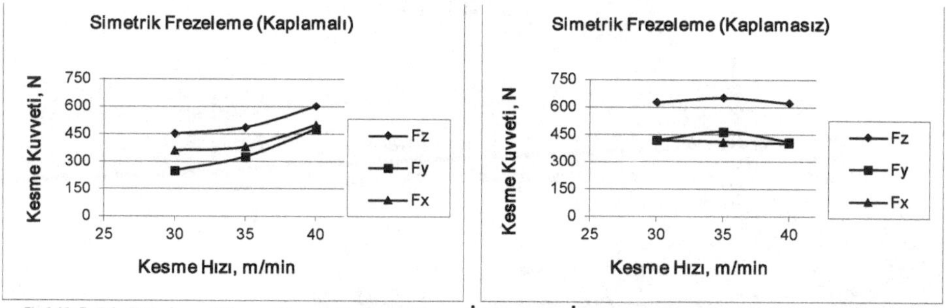

Şekil 5.56. Düzlem Yüzey Simetrik Frezeleme İşleminde İlerleme Hızının Kesme Kuvvetlerine Etkisi (ap=0,75 mm, f= 100 mm/min)

Kobalt esaslı süper alaşımlardan Stellite 6 kaplamalı ve kaplamasız sert maden uçlarla düzlem yüzey simetrik frezelenerek kesme kuvvetleri deneysel olarak ölçülmektedir. Talaş kaldırma esnasında kesme parametreleri aynı olmak şartıyla kesici takımlar-kesme kuvvetleri karşılaştırılmaktadır.

Simetrik frezeleme yönteminde kesme derinliğine bağlı olarak kaplamalı kesici uçlar daha iyi netice vermektedir. Kaplamasız kesici uçlarda F_x, F_y ve F_z yönündeki kesme kuvvetleri daha büyük çıkmaktadır. Bunu sebebi; sürtünme ve diğer faktörlerdir (Şekil 5.30-5.38).

İlerleme hızı arttırıldığında kesme kuvvetlerinin arttığı gözlemlenmektedir (Şekil 5.39-5.47). Aynı şartlarda kaplamasız kesici uçlardaki kesme kuvvetleri daha büyük çıkmaktadır. Bütün deneylerde F_z kesme kuvveti büyük çıkmaktadır. Bunu sebebi ise malzemenin kopma mukavemetinden kaynaklanmaktadır.

Aynı kesme şartlarında kesme hızının artmasında genel olarak kesme kuvvetlerinde düzensizlik vardır. Kesme hızını kesme kuvvetleri üzerinde doğrudan etkisinin olmadığı görülmektedir (Şekil 5.48-5.56). Kesme hızı takım ömrü ile bağlantılıdır. Keme hızı takım aşınmasını hızlandıran bir faktördür.

5.4. Ortalama Yüzey Pürüzlülüğünün Değerlendirilmesi

5.4.1. Simetrik-Asimetrik Frezelemede Ortalama Yüzey Pürüzlülüğü

5.4.1.1. Simetrik-Asimetrik Frezelemede Ortalama Yüzey Pürüzlülüğü ile Kesme Derinliğinin Arasındaki İlişki

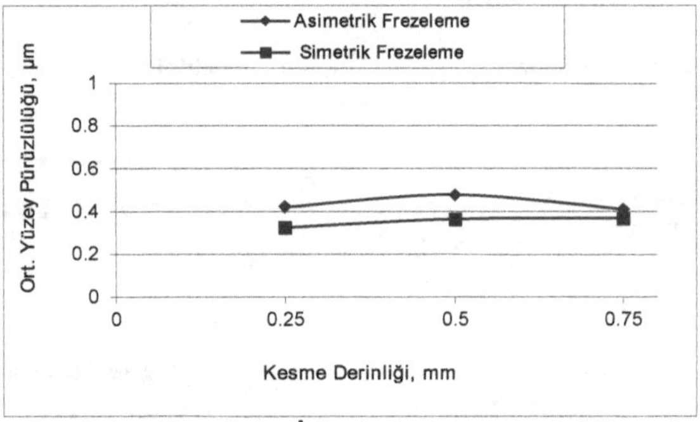

Şekil 5.57. Düzlem Yüzey Frezeleme İşleminde Kesme Derinliğinin Ortalama Yüzey Pürüzlülüğüne Etkisi (Vc=30 m/min, f=60 mm/min)

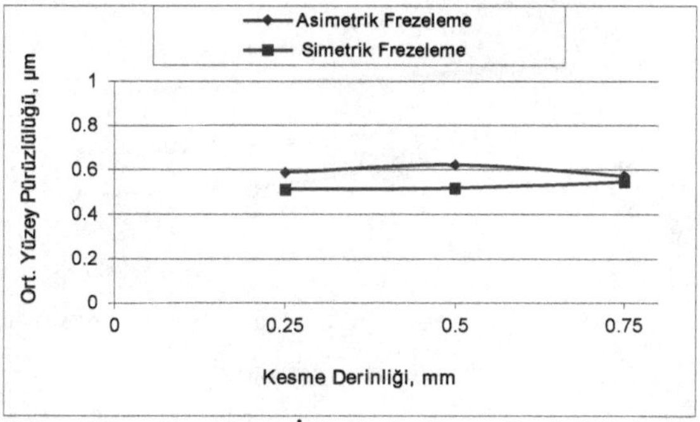

Şekil 5.58. Düzlem Yüzey Frezeleme İşleminde Kesme Derinliğinin Ortalama Yüzey Pürüzlülüğüne Etkisi (Vc=30 m/min, f=80 mm/min)

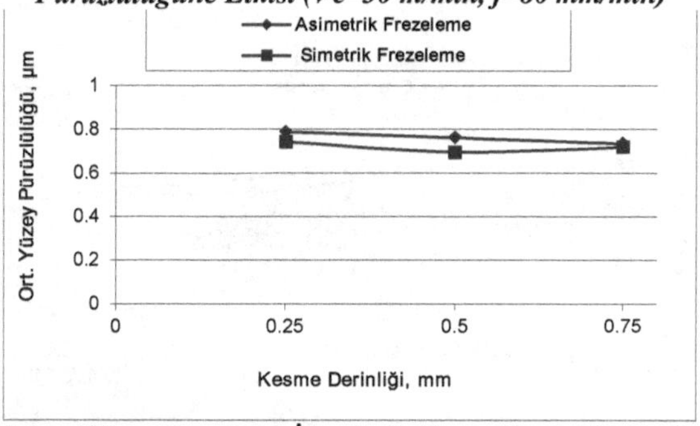

Şekil 5.59. Düzlem Yüzey Frezeleme İşleminde Kesme Derinliğinin Ortalama Yüzey Pürüzlülüğüne Etkisi (Vc=30 m/min, f=100 mm/min)

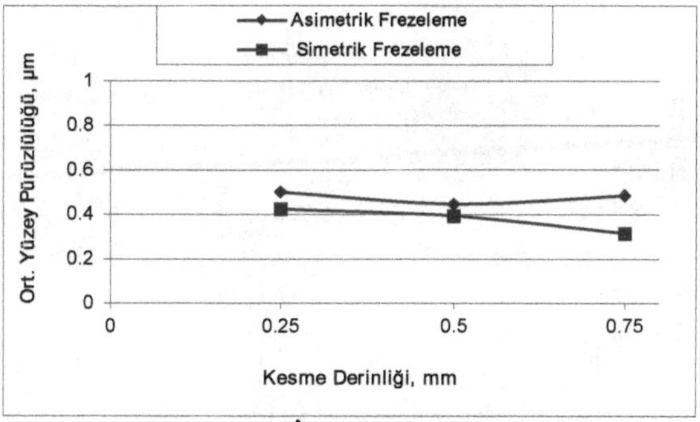

Şekil 5.60. Düzlem Yüzey Frezeleme İşleminde Kesme Derinliğinin Ortalama Yüzey Pürüzlülüğüne Etkisi (Vc=35 m/min, f=60 mm/min)

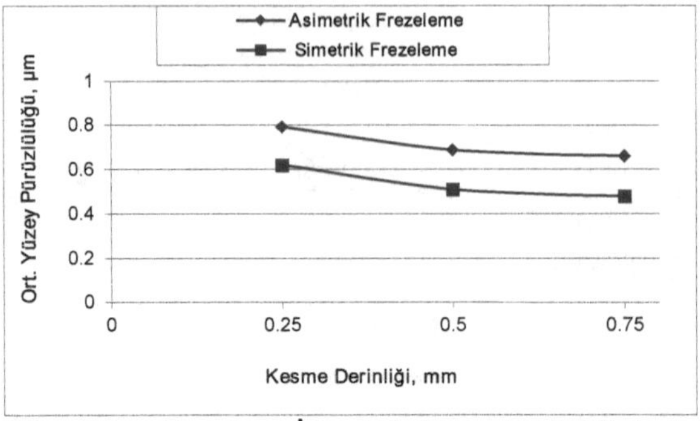

Şekil 5.61. Düzlem Yüzey Frezeleme İşleminde Kesme Derinliğinin Ortalama Yüzey Pürüzlülüğüne Etkisi (Vc=35 m/min, f=80 mm/min)

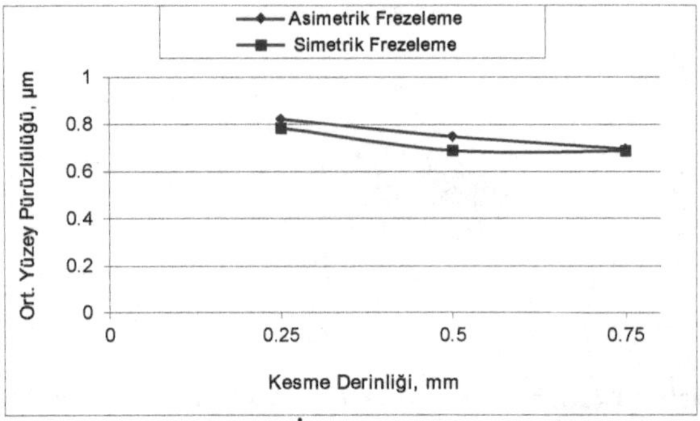

Şekil 5.62. Düzlem Yüzey Frezeleme İşleminde Kesme Derinliğinin Ortalama Yüzey Pürüzlülüğüne Etkisi (Vc=35 m/min, f=100 mm/min)

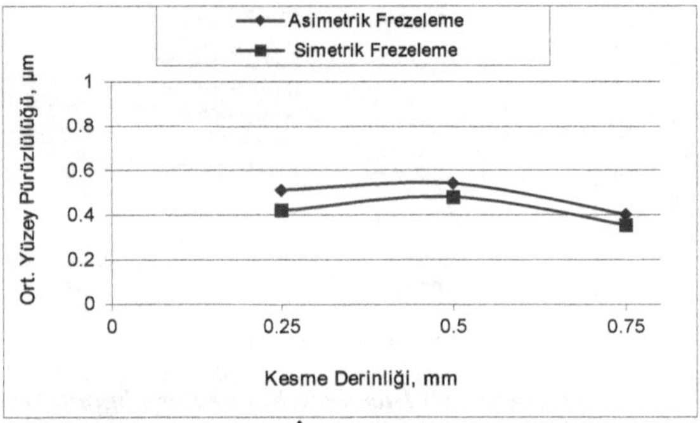

Şekil 5.63. Düzlem Yüzey Frezeleme İşleminde Kesme Derinliğinin Ortalama Yüzey Pürüzlülüğüne Etkisi (Vc=40 m/min, f=60 mm/min)

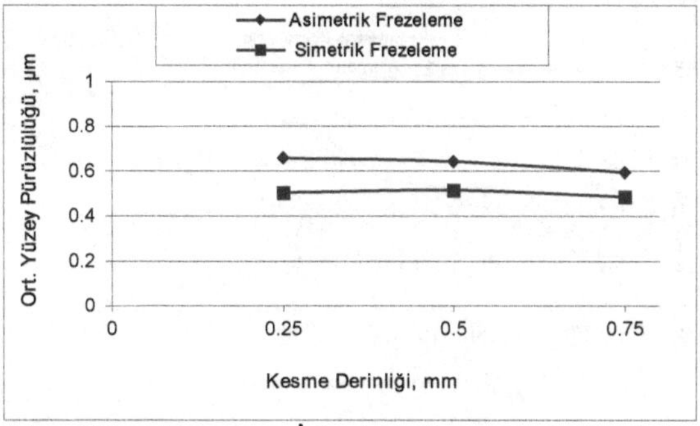

Şekil 5.64. Düzlem Yüzey Frezeleme İşleminde Kesme Derinliğinin Ortalama Yüzey Pürüzlülüğüne Etkisi (Vc=40 m/min, f=80 mm/min)

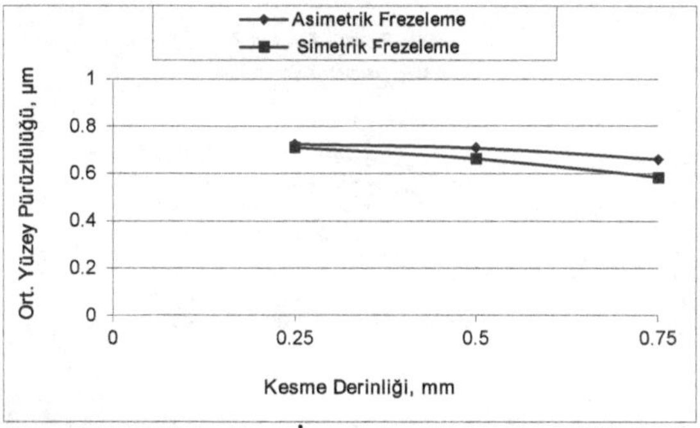

Şekil 5.65. Düzlem Yüzey Frezeleme İşleminde Kesme Derinliğinin Ortalama Yüzey Pürüzlülüğüne Etkisi (Vc=40 m/min, f=100 mm/min)

5.4.1.2. Simetrik-Asimetrik Frezelemede Ortalama Yüzey Pürüzlülüğü ile İlerleme Hızı Arasındaki İlişki

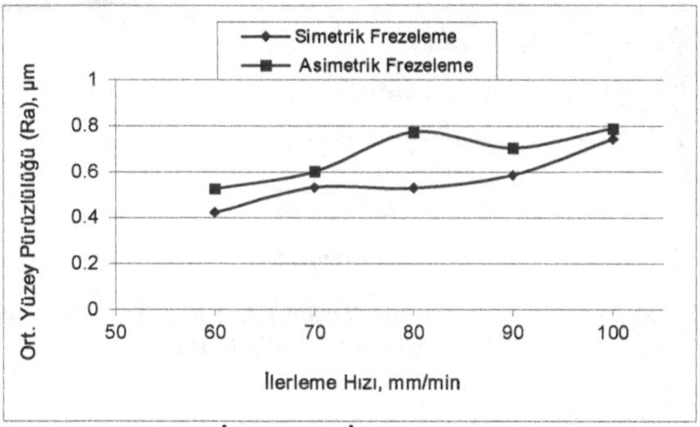

Şekil 5.66. Düzlem Yüzey Frezeleme İşleminde İlerleme Hızının Ortalama Yüzey Pürüzlülüğüne Etkisi (ap =0,25 mm, Vc= 30 m/min)

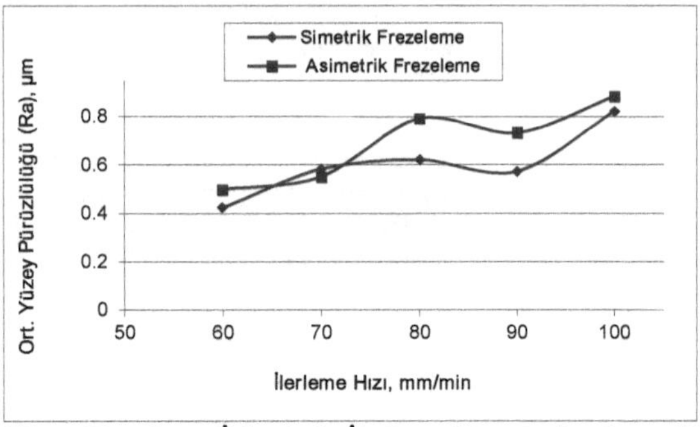

Şekil 5.67. Düzlem Yüzey Frezeleme İşleminde İlerleme Hızının Ortalama Yüzey Pürüzlülüğüne Etkisi (ap =0,25 mm, Vc= 35 m/min)

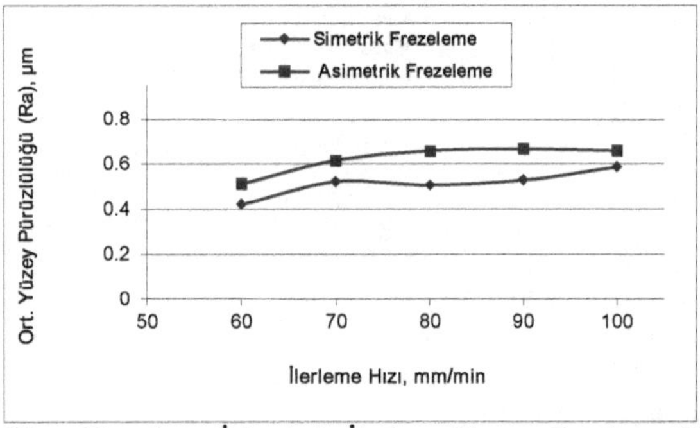

Şekil 5.68. Düzlem Yüzey Frezeleme İşleminde İlerleme Hızının Ortalama Yüzey Pürüzlülüğüne Etkisi (ap =0,25 mm, Vc= 40 m/min)

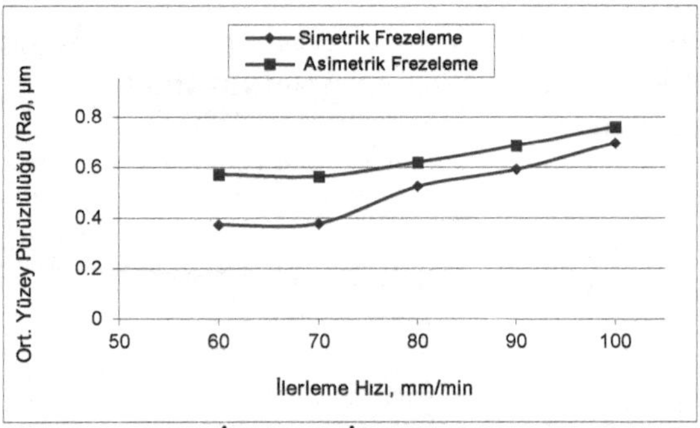

Şekil 5.69. Düzlem Yüzey Frezeleme İşleminde İlerleme Hızının Ortalama Yüzey Pürüzlülüğüne Etkisi (ap =0,50 mm, Vc= 30 m/min)

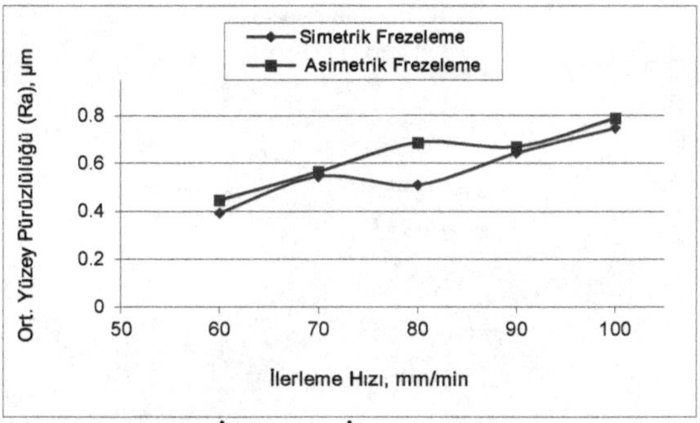

Şekil 5.70. Düzlem Yüzey Frezeleme İşleminde İlerleme Hızının Ortalama Yüzey Pürüzlülüğüne Etkisi (ap =0,50 mm, Vc= 35 m/min)

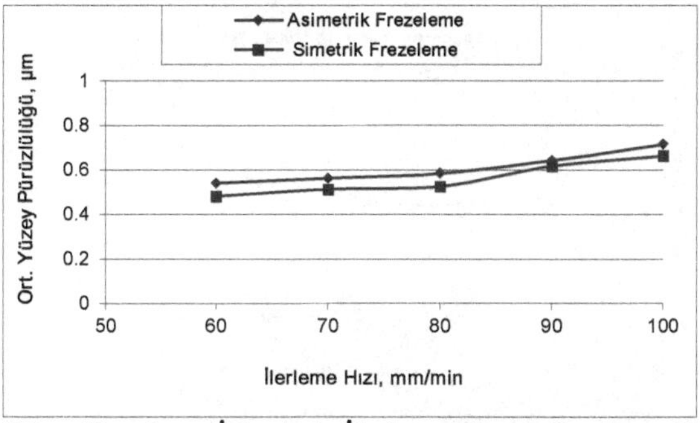

Şekil 5.71. Düzlem Yüzey Frezeleme İşleminde İlerleme Hızının Ortalama Yüzey Pürüzlülüğüne Etkisi (ap =0,50 mm, Vc= 40 m/min)

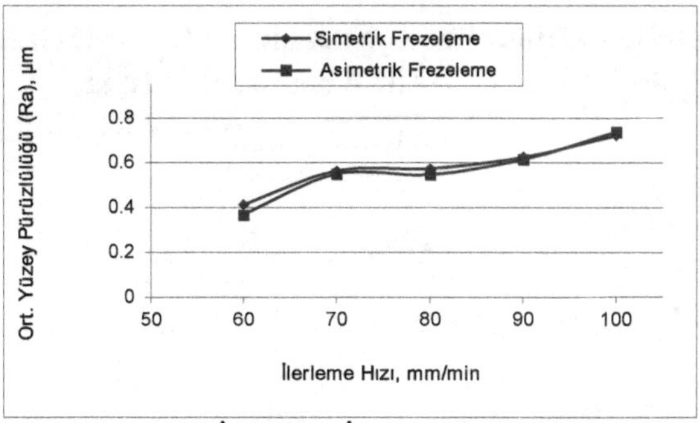

Şekil 5.72. Düzlem Yüzey Frezeleme İşleminde İlerleme Hızının Ortalama Yüzey Pürüzlülüğüne Etkisi (ap =0,75 mm, Vc= 30 m/min)

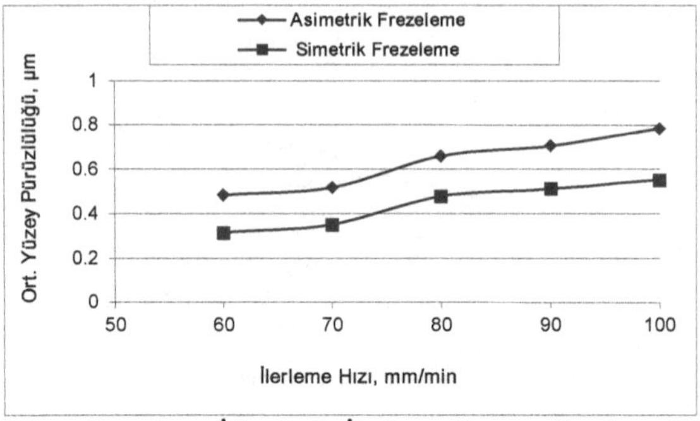

Şekil 5.73. Düzlem Yüzey Frezeleme İşleminde İlerleme Hızının Ortalama Yüzey Pürüzlülüğüne Etkisi (ap =0,75 mm, Vc= 35 m/min)

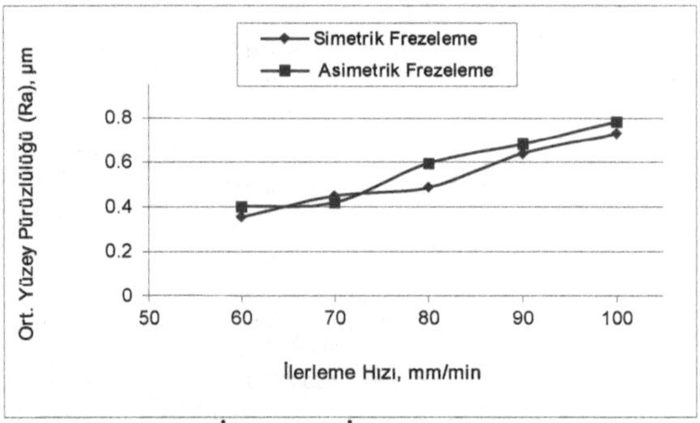

Şekil 5.74. Düzlem Yüzey Frezeleme İşleminde İlerleme Hızının Ortalama Yüzey Pürüzlülüğüne Etkisi (ap =0,75 mm, Vc= 40 m/min)

5.4.1.3. Simetrik-Asimetrik Frezelemede Ortalama Yüzey Pürüzlülüğü ile Kesme Hızının Arasındaki İlişki

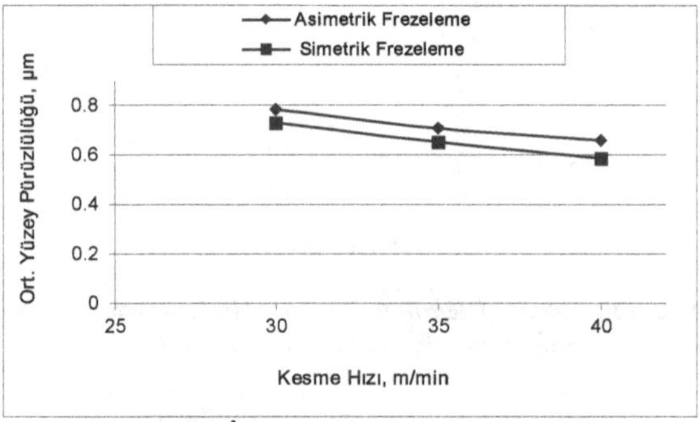

Şekil 5.75. Düzlem Yüzey Frezeleme İşleminde Kesme Hızının Ortalama Yüzey Pürüzlülüğüne Etkisi (ap =0,25 mm, f= 60 mm/min)

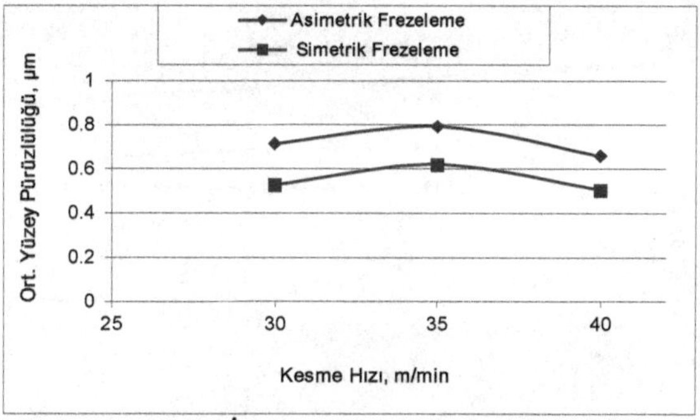

Şekil 5.76. Düzlem Yüzey Frezeleme İşleminde Kesme Hızının Ortalama Yüzey Pürüzlülüğüne Etkisi (ap =0,25 mm, f= 80 mm/min)

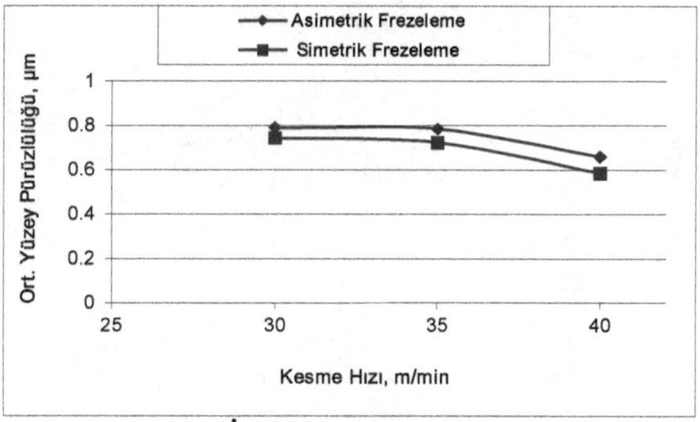

Şekil 5.77. Düzlem Yüzey Frezeleme İşleminde Kesme Hızının Ortalama Yüzey Pürüzlülüğüne Etkisi (ap =0,25 mm, f= 100 mm/min)

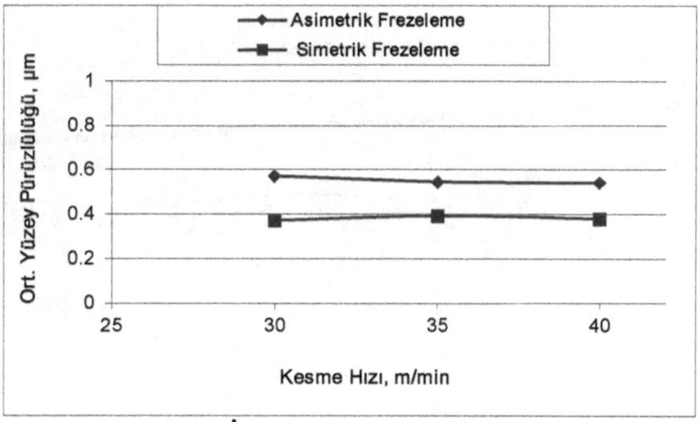

Şekil 5.78. Düzlem Yüzey Frezeleme İşleminde Kesme Hızının Ortalama Yüzey Pürüzlülüğüne Etkisi (ap =0,50 mm, f= 60 mm/min)

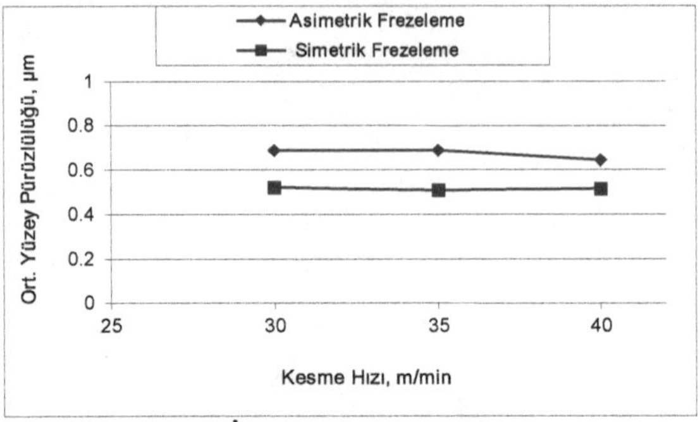

Şekil 5.79. Düzlem Yüzey Frezeleme İşleminde Kesme Hızının Ortalama Yüzey Pürüzlülüğüne Etkisi (ap =0,50 mm, f= 80 mm/min)

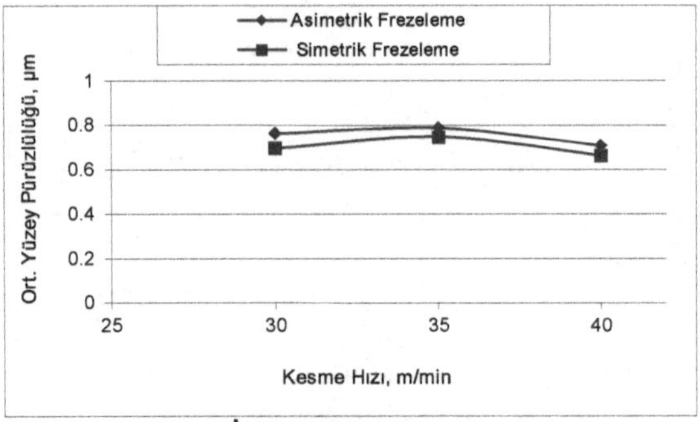

Şekil 5.80. Düzlem Yüzey Frezeleme İşleminde Kesme Hızının Ortalama Yüzey Pürüzlülüğüne Etkisi (ap=0,50 mm, f= 100 mm/min)

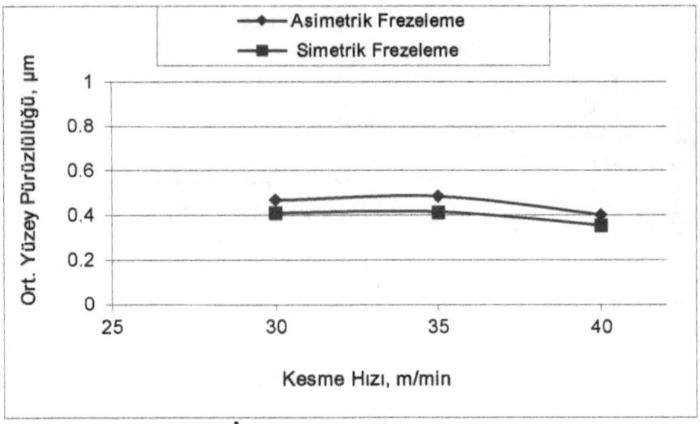

Şekil 5.81. Düzlem Yüzey Frezeleme İşleminde Kesme Hızının Ortalama Yüzey Pürüzlülüğüne Etkisi (ap =0,75 mm, f= 60 mm/min)

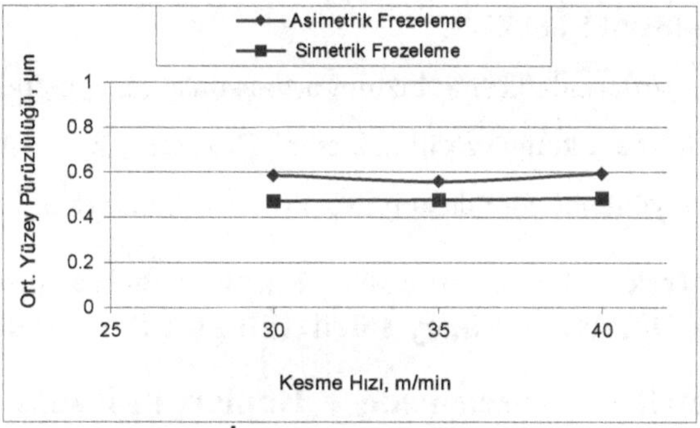

Şekil 5.82. Düzlem Yüzey Frezeleme İşleminde Kesme Hızının Ortalama Yüzey Pürüzlülüğüne Etkisi (ap =0,75 mm, f= 80 mm/min)

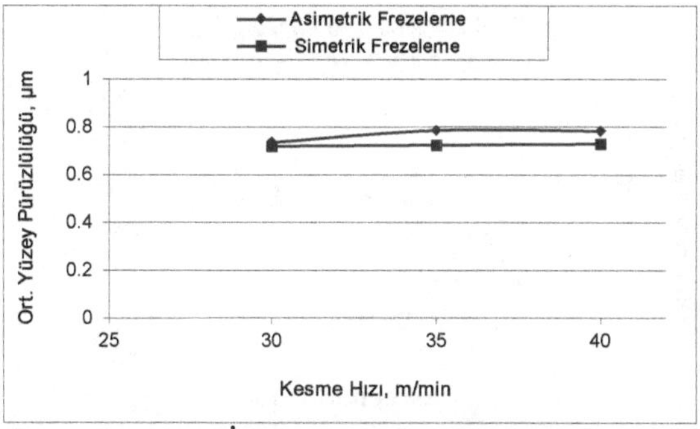

Şekil 5.83. Düzlem Yüzey Frezeleme İşleminde Kesme Hızının Ortalama Yüzey Pürüzlülüğüne Etkisi (ap =0,75 mm, f= 100 mm/min)

Kobalt esaslı süper alaşımlardan Stellite 6 kaplamalı ve kaplamasız sert maden uçlarla düzlem yüzey simetrik ve asimetrik frezelenerek ortalama yüzey pürüzlülükleri deneysel olarak ölçülmektedir. Talaş kaldırma esnasında kesme parametreleri aynı olmak şartıyla simetrik ve asimetrik frezeleme yöntemlerinden elde edilen ortalama yüzey pürüzlülükleri karşılaştırılmaktadır.

Düzlem yüzey simetrik ve asimetrik frezeleme yönteminde kesme derinliğine bağlı ortalama yüzey pürüzlülükleri birbirine yakın değerler çıkmaktadır. Aynı şartlarda kesme şartlarında simetrik frezeleme yönteminde ortalama yüzey pürüzlülükleri asimetrik frezeleme göre daha iyi çıkmaktadır (Şekil 5.57-5.65).

İlerleme hızı arttırıldığında ortalama yüzey pürüzlülüklerinin arttığı gözlemlenmektedir. Ortalama yüzey pürüzlükleri ilerleme hızı ile orantılı olarak değişmektedir. Aynı şartlarda düzlem yüzey simetrik frezeleme yöntemi daha iyi sonuç vermektedir (Şekil 5.66-5.74).

Aynı kesme şartlarında kesme hızının artmasında genel olarak ortalama yüzey pürüzlülükleri iyileşme olduğu görülmektedir. Düzlem yüzey simetrik frezeleme asimetrik frezeleme yöntemi göre daha iyi sonuç vermektedir (Şekil 5.75-5.83).

5.4.2. Simetrik Frezelemede Kaplamalı-Kaplamasız Kesici Takımlarda Ortalama Yüzey Pürüzlülüğün Değerlendirilmesi

5.4.2.1. Simetrik Frezelemede Kaplamalı-Kaplamasız Kesici Takımlarda Ortalama Yüzey Pürüzlülüğü ile Kesme Derinliği Arasındaki İlişki

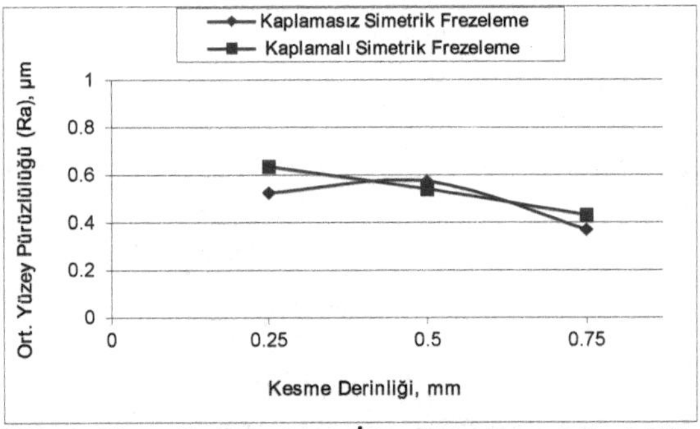

Şekil 5.84. Düzlem Yüzey Simetrik Frezeleme İşleminde Kesme Derinliğinin Ortalama Yüzey Pürüzlülüğüne Etkisi (Vc=30 m/min, f=60 mm/min)

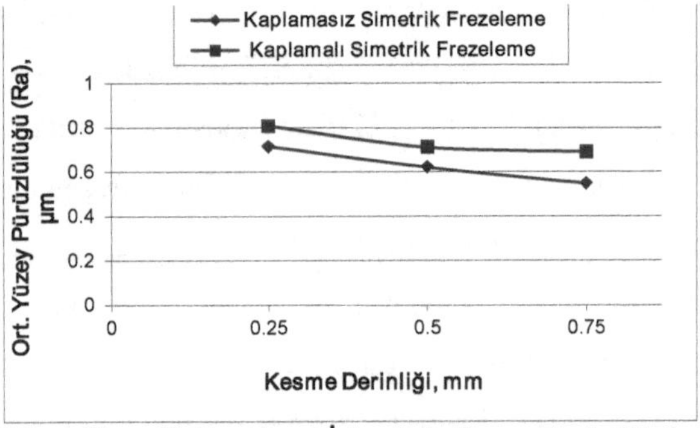

Şekil 5.85. Düzlem Yüzey Simetrik Frezeleme İşleminde Kesme Derinliğinin Kesme Kuvvetlerine Etkisi (Vc=30 m/min, f=80 mm/min)

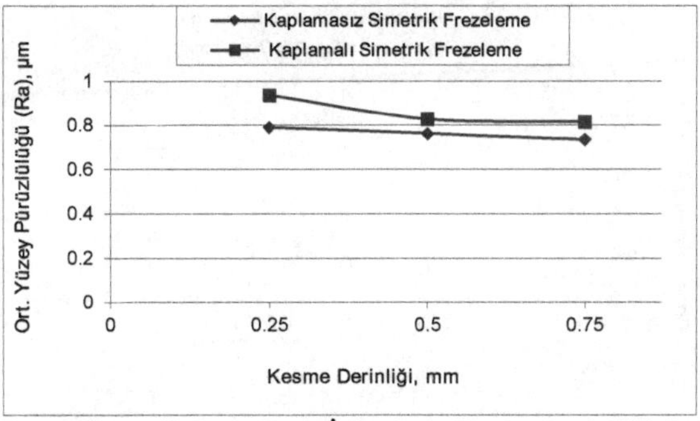

Şekil 5.86. Düzlem Yüzey Simetrik Frezeleme İşleminde Kesme Derinliğinin Kesme Kuvvetlerine Etkisi (Vc=30 m/min, f=100 mm/min)

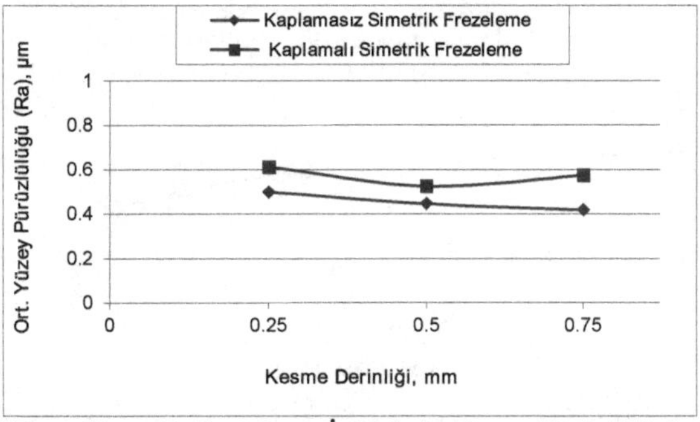

Şekil 5.87. Düzlem Yüzey Simetrik Frezeleme İşleminde Kesme Derinliğinin Kesme Kuvvetlerine Etkisi (Vc=35 m/min, f=60 mm/min)

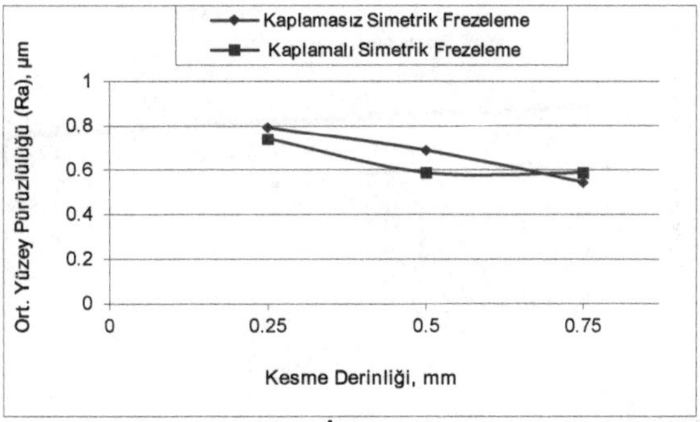

Şekil 5.88 Düzlem Yüzey Simetrik Frezeleme İşleminde Kesme Derinliğinin Kesme Kuvvetlerine Etkisi (Vc=35 m/min, f=80 mm/min)

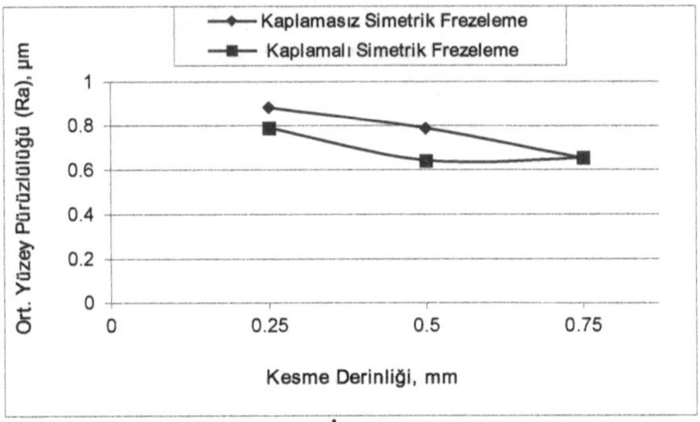

Şekil 5.89. Düzlem Yüzey Simetrik Frezeleme İşleminde Kesme Derinliğinin Kesme Kuvvetlerine Etkisi (Vc=35 m/min, f=100 mm/min)

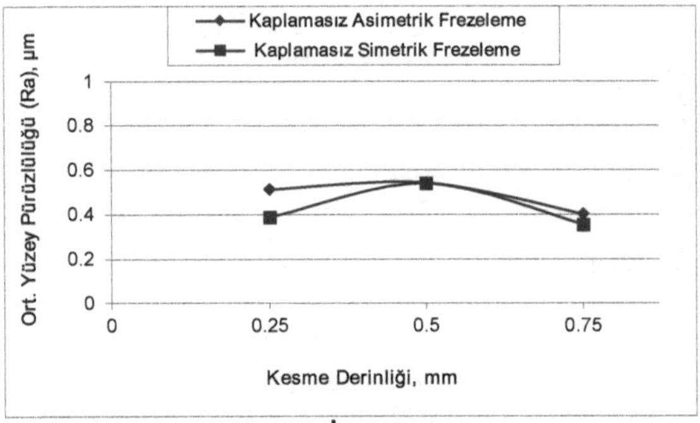

Şekil 5.90. Düzlem Yüzey Simetrik Frezeleme İşleminde Kesme Derinliğinin Kesme Kuvvetlerine Etkisi (Vc=40 m/min, f=60 mm/min)

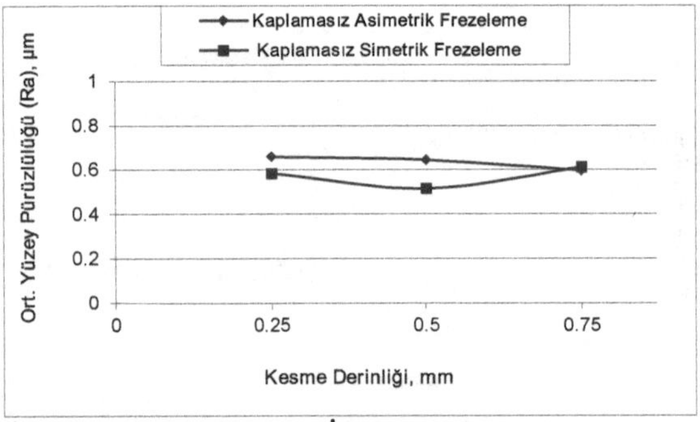

Şekil 5.91. Düzlem Yüzey Simetrik Frezeleme İşleminde Kesme Derinliğinin Kesme Kuvvetlerine Etkisi (Vc=40 m/min, f=80 mm/min)

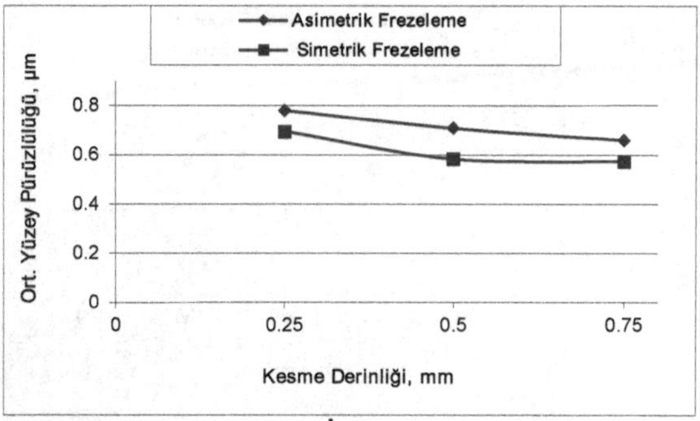

Şekil 5.92. Düzlem Yüzey Simetrik Frezeleme İşleminde Kesme Derinliğinin Kesme Kuvvetlerine Etkisi (Vc=40 m/min, f=100 mm/min)

5.4.2.2. Simetrik Frezelemede Kaplamalı-Kaplamasız Kesici Takımlarda Ortalama Yüzey Pürüzlülüğü ile İlerleme Hızı Arasındaki İlişki

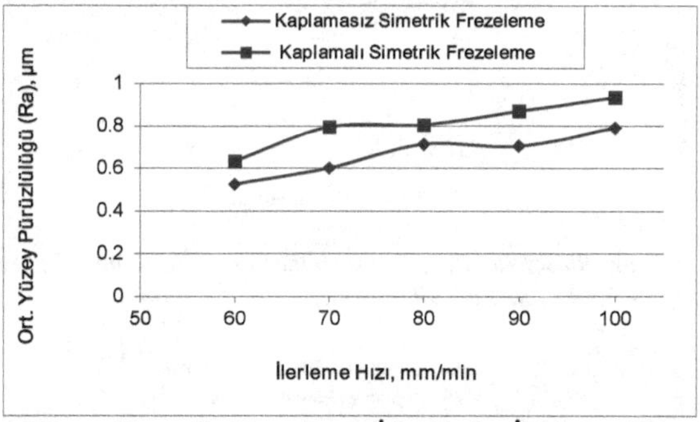

Şekil 5.93. Düzlem Yüzey Simetrik Frezeleme İşleminde İlerleme Hızının Ortalama Yüzey Pürüzlülüğüne Etkisi (ap=0,25 mm, Vc= 30 m/min)

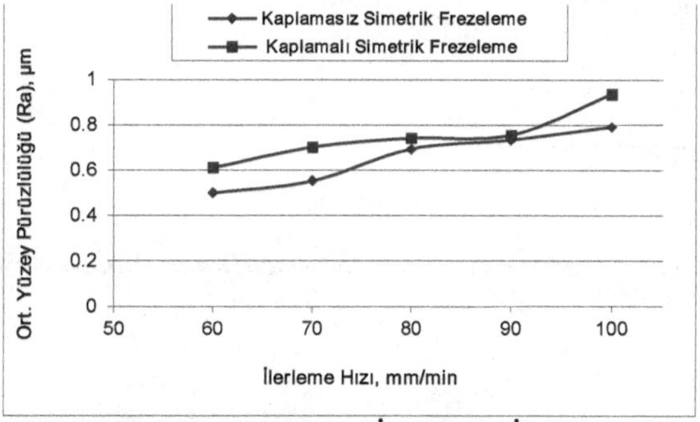

Şekil 5.94. Düzlem Yüzey Simetrik Frezeleme İşleminde İlerleme Hızının Ortalama Yüzey Pürüzlülüğüne Etkisi (ap=0,25 mm, Vc= 35 m/min)

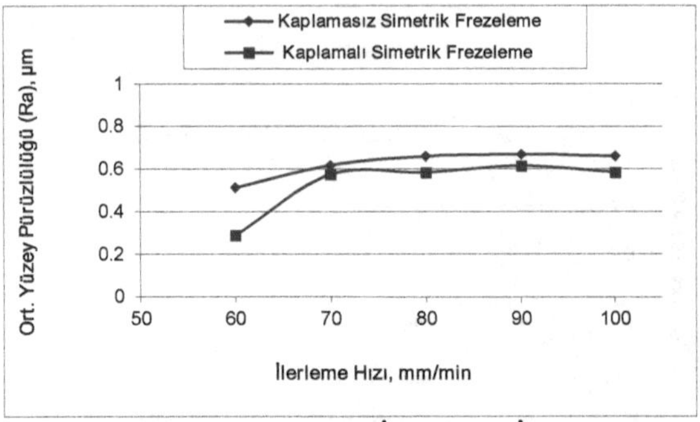

Şekil 5.95. Düzlem Yüzey Simetrik Frezeleme İşleminde İlerleme Hızının Ortalama Yüzey Pürüzlülüğüne Etkisi (ap=0,25 mm, Vc= 40 m/min)

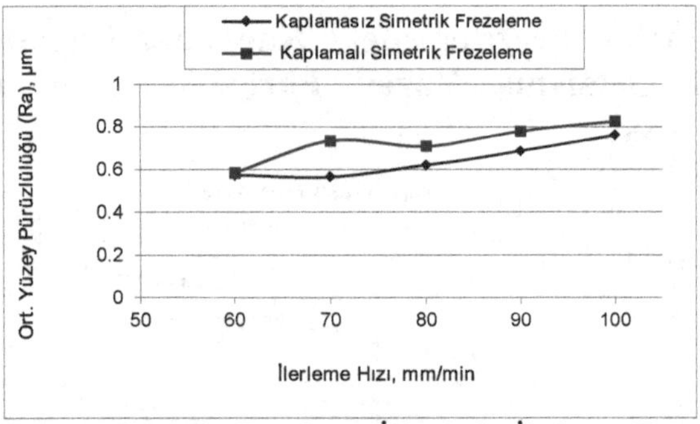

Şekil 5.96. Düzlem Yüzey Simetrik Frezeleme İşleminde İlerleme Hızının Ortalama Yüzey Pürüzlülüğüne Etkisi (ap=0,50 mm, Vc= 30 m/min)

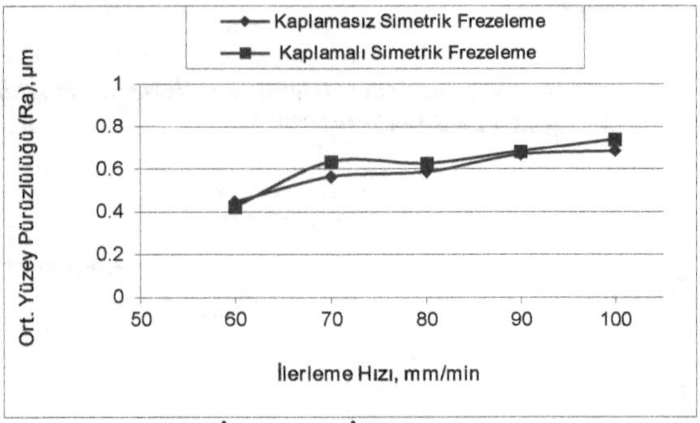

Şekil 5.97. Düzlem Yüzey Frezeleme İşleminde İlerleme Hızının Ortalama Yüzey Pürüzlülüğüne Etkisi (ap=0,50 mm, Vc= 35 m/min)

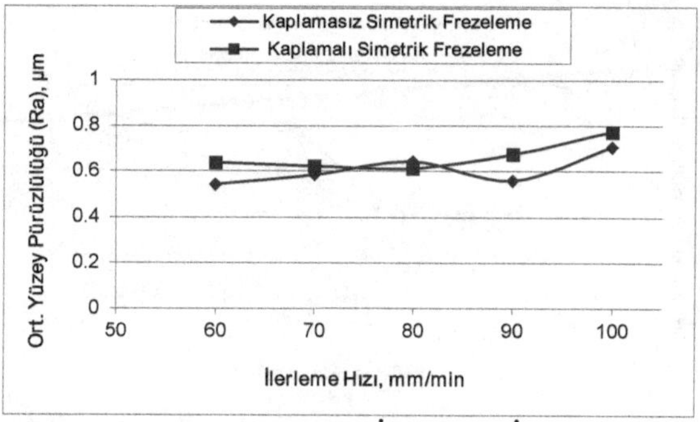

Şekil 5.98. Düzlem Yüzey Simetrik Frezeleme İşleminde İlerleme Hızının Ortalama Yüzey Pürüzlülüğüne Etkisi (ap=0,50 mm, Vc= 40 m/min)

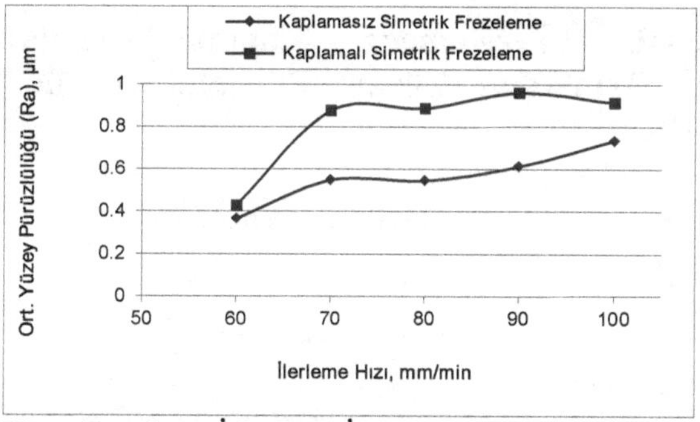

Şekil 5.99. Düzlem Yüzey Frezeleme İşleminde İlerleme Hızının Ortalama Yüzey Pürüzlülüğüne Etkisi (ap=0,75 mm, Vc= 30 m/min)

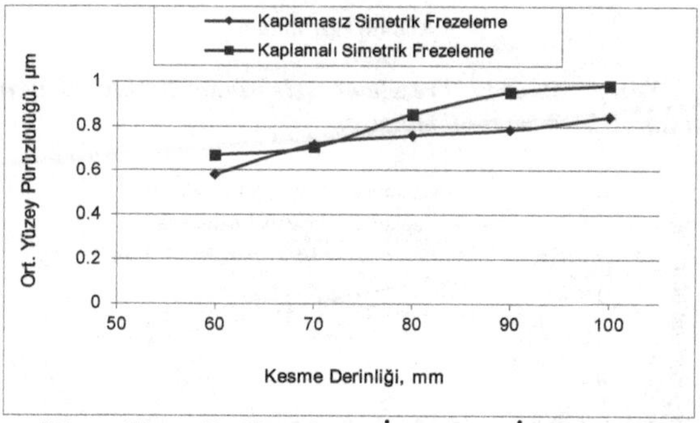

Şekil 5.100. Düzlem Yüzey Simetrik Frezeleme İşleminde İlerleme Hızının Ortalama Yüzey Pürüzlülüğüne Etkisi (ap=0,75 mm, Vc= 35 m/min)

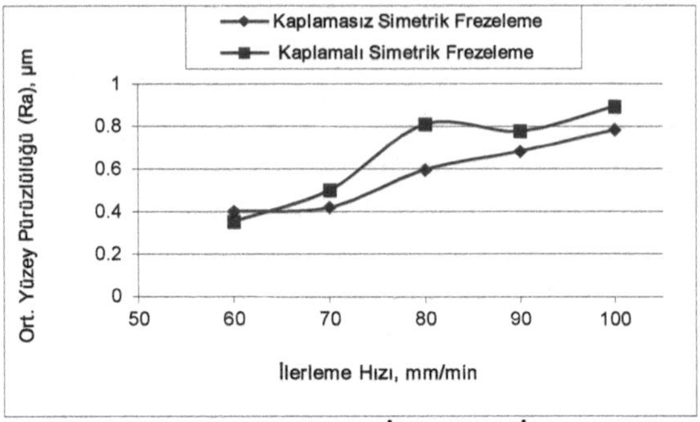

Şekil 5.101. Düzlem Yüzey Simetrik Frezeleme İşleminde İlerleme Hızının Ortalama Yüzey Pürüzlülüğüne Etkisi (ap=0,75 mm, Vc= 40 m/min)

5.4.2.3. Simetrik Frezelemede Kaplamalı-Kaplamasız Kesici Takımlarda Ortalama Yüzey Pürüzlülüğü ile Kesme Hızı Arasındaki İlişki

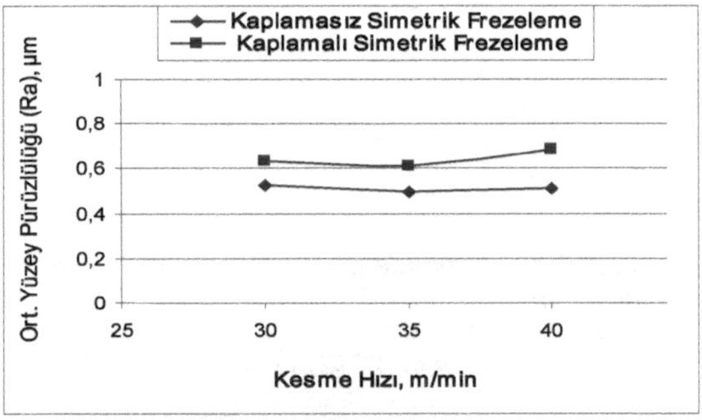

Şekil 5.102. Düzlem Yüzey Simetrik Frezeleme İşleminde Kesme Hızının Ortalama Yüzey Pürüzlülüğüne Etkisi (ap=0,25 mm, f=60 mm/min)

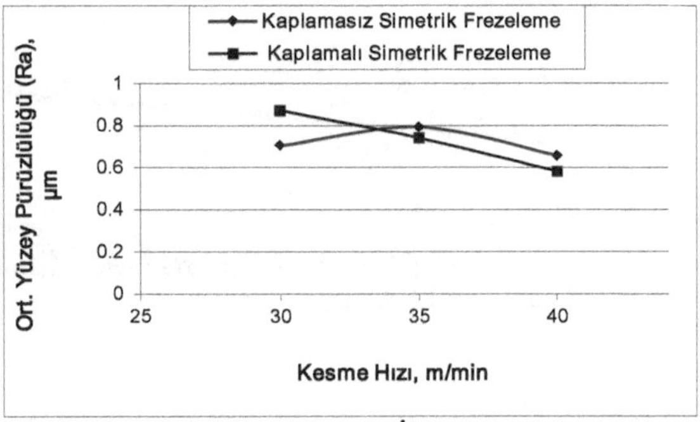

Şekil 5.103. Düzlem Yüzey Simetrik Frezeleme İşleminde Kesme Hızının Ortalama Yüzey Pürüzlülüğüne Etkisi (ap=0,25 mm, f=80 mm/min)

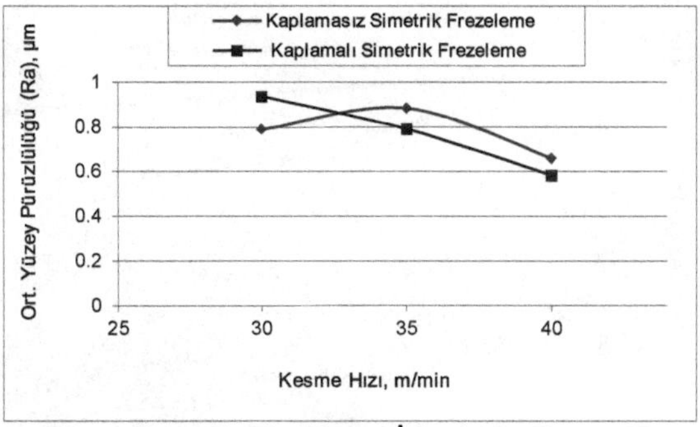

Şekil 5.104. Düzlem Yüzey Simetrik Frezeleme İşleminde Kesme Hızının Ortalama Yüzey Pürüzlülüğüne Etkisi (ap=0,25 mm, f=100 mm/min)

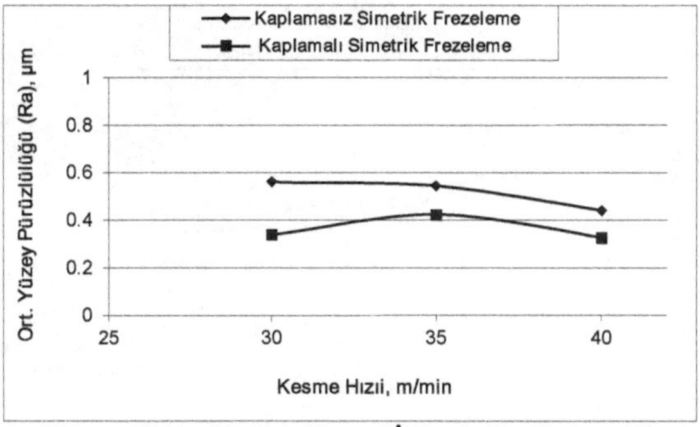

Şekil 5.105. Düzlem Yüzey Simetrik Frezeleme İşleminde Kesme Hızının Ortalama Yüzey Pürüzlülüğüne Etkisi (ap=0,50 mm, f=60 mm/min)

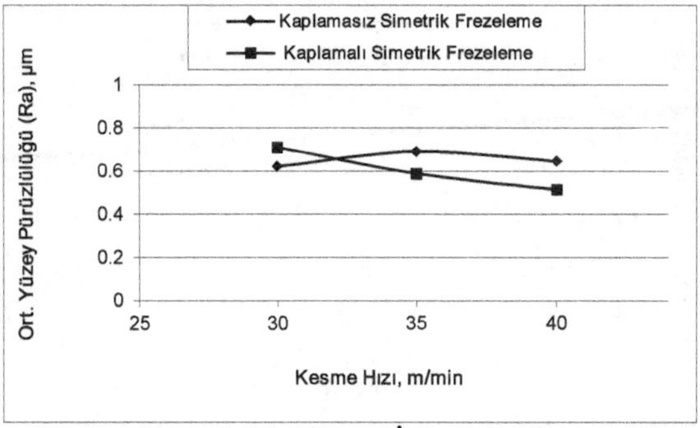

Şekil 5.106. Düzlem Yüzey Simetrik Frezeleme İşleminde Kesme Hızının Ortalama Yüzey Pürüzlülüğüne Etkisi (ap=0,50 mm, f=80 mm/min)

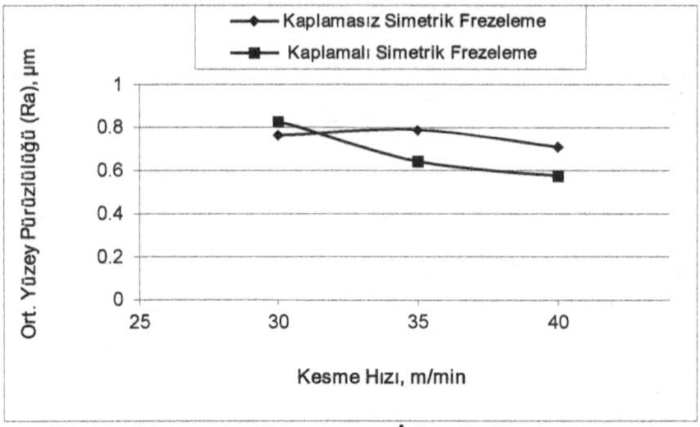

Şekil 5.107. Düzlem Yüzey Simetrik Frezeleme İşleminde Kesme Hızının Ortalama Yüzey Pürüzlülüğüne Etkisi (ap=0,50 mm, f=100 mm/min)

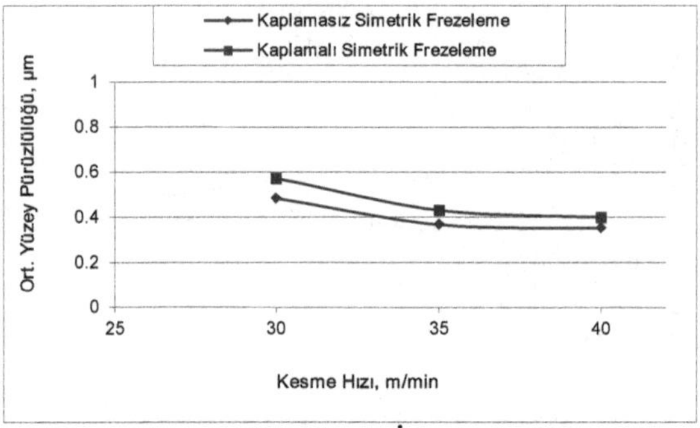

Şekil 5.108. Düzlem Yüzey Simetrik Frezeleme İşleminde Kesme Hızının Ortalama Yüzey Pürüzlülüğüne Etkisi (ap=0,75 mm, f=60 mm/min)

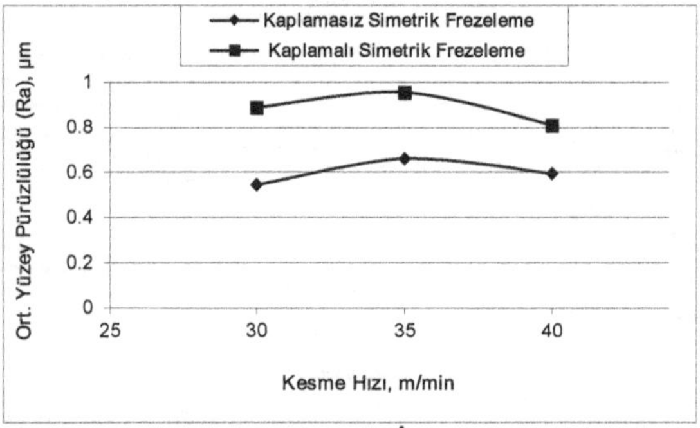

Şekil 5.109. Düzlem Yüzey Simetrik Frezeleme İşleminde Kesme Hızının Ortalama Yüzey Pürüzlülüğüne Etkisi (ap=0,75 mm, f=80 mm/min)

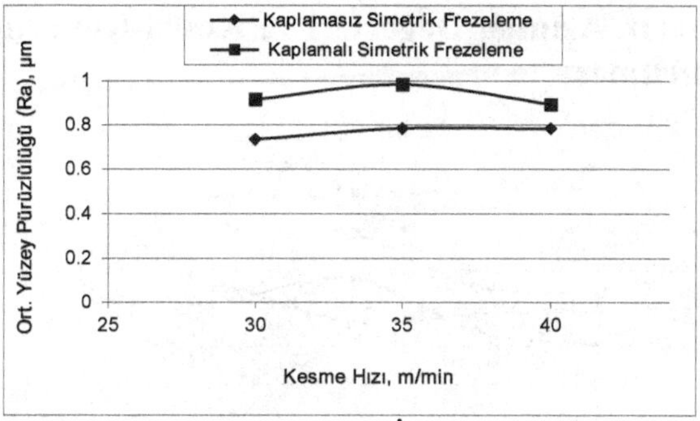

Şekil 5.110. Düzlem Yüzey Simetrik Frezeleme İşleminde Kesme Hızının Ortalama Yüzey Pürüzlülüğüne Etkisi (ap=0,75 mm, f=100 mm/min)

Kobalt esaslı süper alaşımlardan Stellite 6 kaplamalı ve kaplamasız sert maden uçlarla düzlem yüzey simetrik frezelenerek ortalama yüzey pürüzlülükleri deneysel olarak ölçülmektedir. Talaş kaldırma esnasında kesme parametreleri aynı olmak şartıyla kaplamalı ve kaplamasız sert maden uçlarla düzlem yüzey simetrik frezeleme yönteminde kesici takımlar ile ortalama yüzey pürüzlülükleri karşılaştırılmaktadır.

Düzlem yüzey simetrik frezeleme yönteminde derinliğine bağlı olarak ortalama yüzey pürüzlülükleri kaplamalı ve kaplamasız sert maden uçlarla birbirine yakın çıkmaktadır. Bazı işleme şartlarında kaplamalı kesici takımlar bazen de kaplamsız kesici takımlar daha iyi sonuç vermektedir (Şekil 5.84-5.92).

İlerleme hızı arttırıldığında ortalama yüzey pürüzlülüklerinin arttığı gözlemlenmektedir. Aynı işleme şartlarında ilerleme hızı arttırılıp ve kesme hızı da arttırılırsa ortalama yüzey pürüzlükleri daha iyi olduğu görülmektedir. Her iki kesici uçta da yüzey pürüzlülüklerinin birbirine yakın değerler vermektedir (Şekil 5.93-5.101).

Aynı kesme şartlarında kesme hızının artmasında genel olarak ortalama yüzey pürüzlülüklerinin bir iyileşme olduğu görülmektedir. Düzlem yüzey simetrik frezeleme yönteminde kaplamalı ve kaplamasız kesici takım birbirine yakın değerler vermektedir (Şekil 5.102-5.110).

5.5. Kesici Uçların Aşınma Değerleri ve Kesici Kenarın Deney Sayısı ile Karşılaştırılması

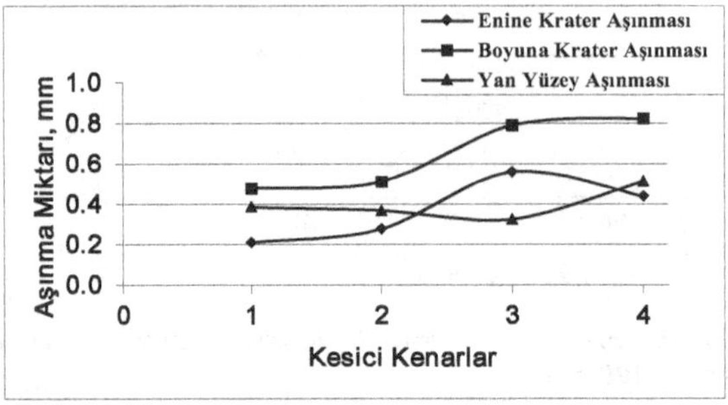

Kaplamalı Kesici Takım

Kesici Kenar	Deney No
1	1-15
2	16-20
3	21-30
4	31-45

Şekil 5.111. Düzlem Yüzey Asimetrik Frezelemede Kullanılan Kesici Takımın Aşınma Değerleri ve Kesici Kenarın Deney Sayısı ile Karşılaştırılması

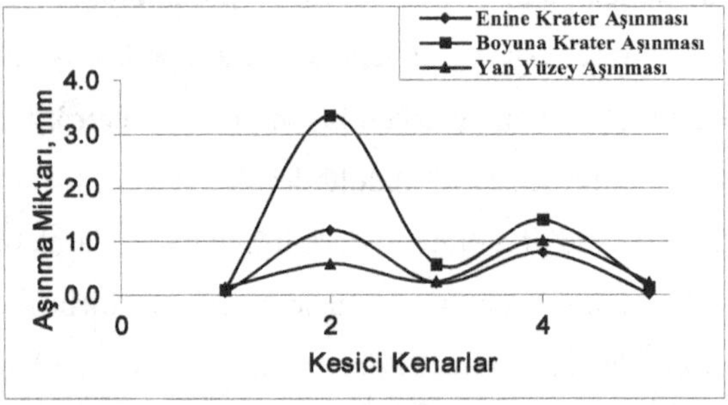

Kaplamasız Kesici Takım

Kesici Kenar	Deney No
1	1-15
2	16-30
3	31-35
4	36-40
5	41-45

Şekil 5.112. Düzlem Yüzey Asimetrik Frezelemede Kullanılan Takımın Aşınma Değerleri ve Kesici Kenarın Deney Sayısı ile Karşılaştırılması (2.Kenarda aşınma yok, kırılma var)

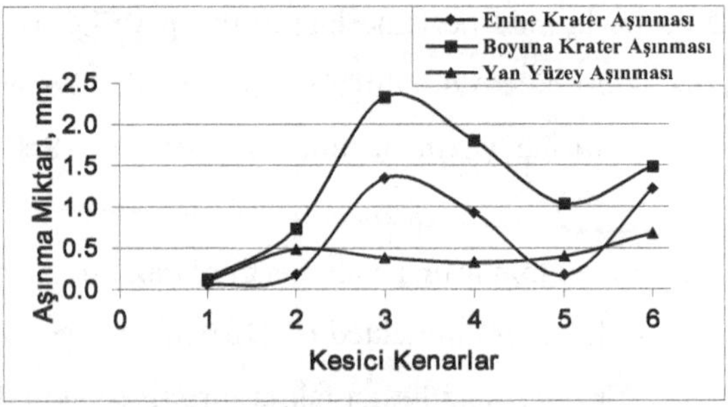

Kaplamasız Kesici Takım

Kesici Kenar	Deney No
1	1-15
2	16-25
3	26-30
4	31-35
5	36-40
6	41-45

Şekil 5.113. Düzlem Yüzey Simetrik Frezelemede Kullanılan Takımın Aşınma Değerleri ve Kesici Kenarın Deney Sayısı ile Karşılaştırılması (3 ve 6 kenarda aşınma yok, kırılma var)

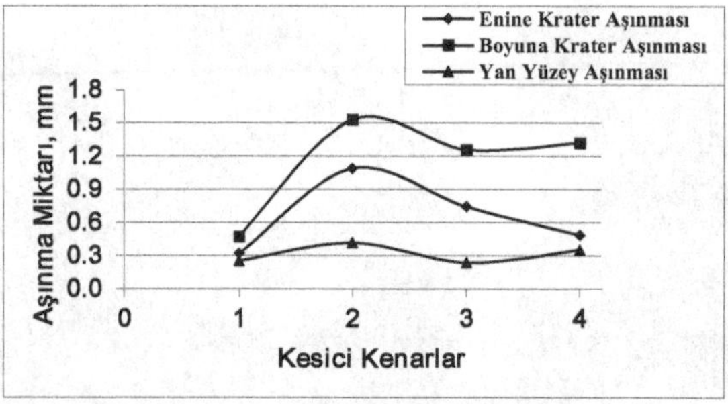

Kaplamalı Kesici Takım

Kesici Kenar	Deney No
1	1-15
2	16-30
3	31-40
4	41-45

Şekil 5.114. Düzlem Yüzey Simetrik Frezelemede Kullanılan Takımın Aşınma Değerleri ve Kesici Kenarın Deney Sayısı ile Karşılaştırılması (2. kenarda aşınma yok, kırılma var)

5.6. Kesici Uçların Aşınma Fotoğrafları

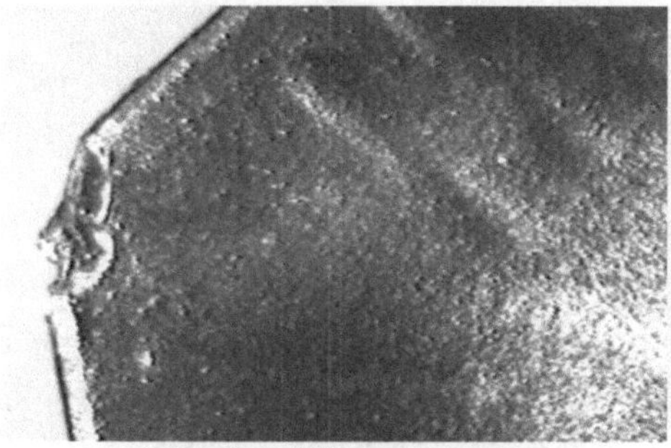

(a) 1. Kesici Kenar Aşınması

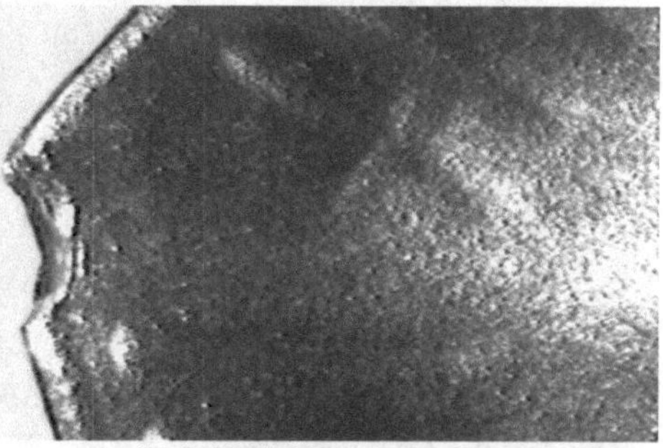

(b) 2. Kesici Kenar Aşınması

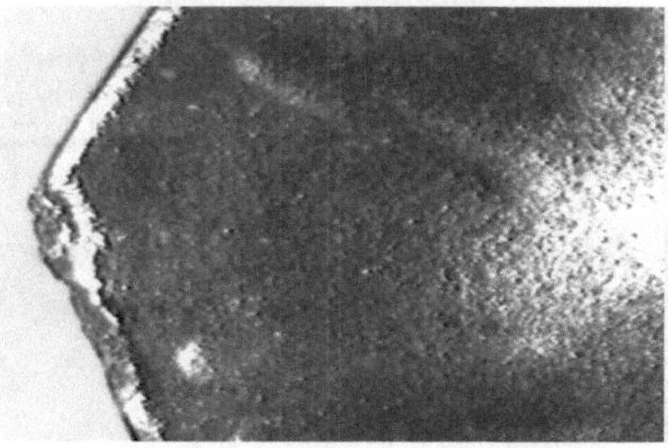

(c) 3. Kesici Kenar Aşınması

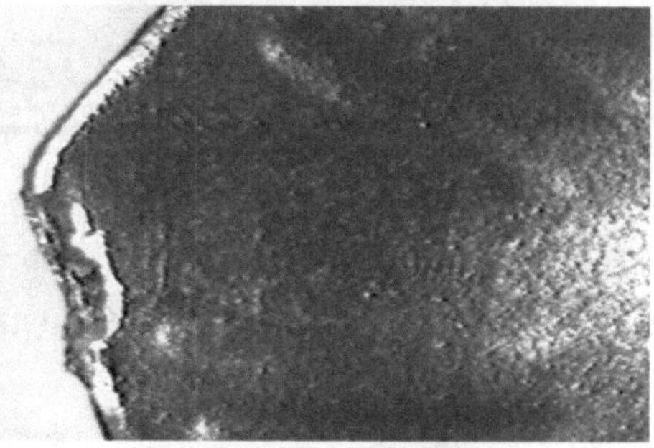

(d) 4. Kesici Kenar Aşınması

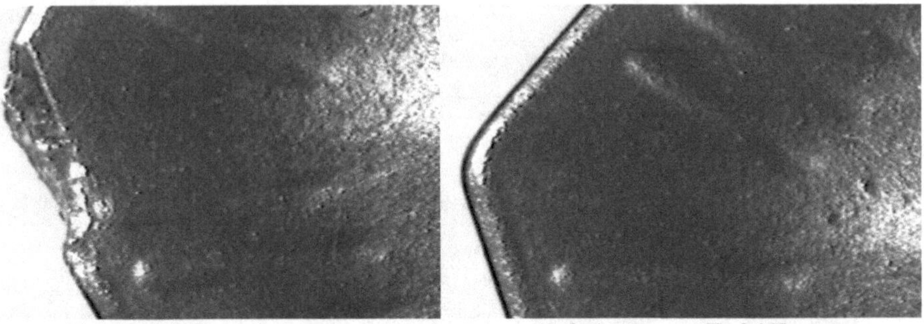

(e) 5. Kesici Kenar Aşınması *(f) 6. Aşınmamış Kesici Kenar*

Şekil 5.115. Düzlem Yüzey Simetrik Frezelemede Kesici Takımın Aşınma Fotoğrafları (18X)

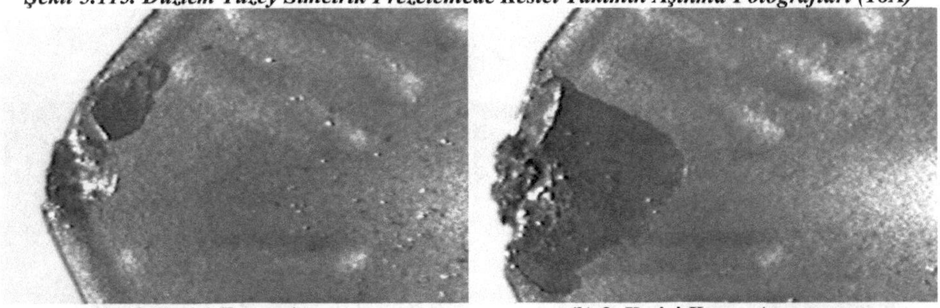

(a) 1. Kesici Kenar Aşınması *(b) 2. Kesici Kenar Aşınması*

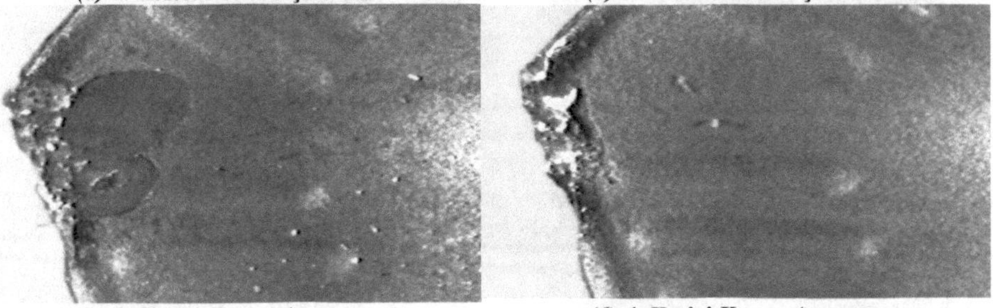

(c) 3. Kesici Kenar Aşınması *(d) 4. Kesici Kenar Aşınması*

Şekil 5.116. Düzlem Yüzey Asimetrik Frezelemede Kesici Takımın Aşınma Fotoğrafları (18X)

5.7. Farklı Parametrelerde Oluşan Talaş Formları

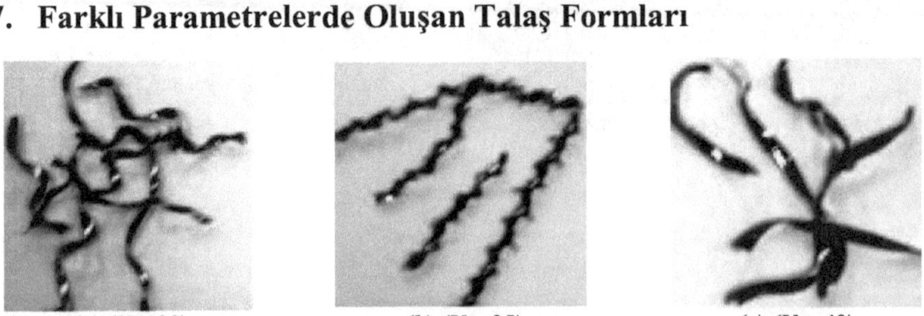

(a) (Vc=30) *(b) (Vc=35)* *(c) (Vc=40)*

Şekil. 5.117. Düzlem Yüzey Frezelemede Talaş Kaldırma İşleminde Oluşan Talaş Şekilleri (ap= 0,25 mm, f= 80 mm/min)

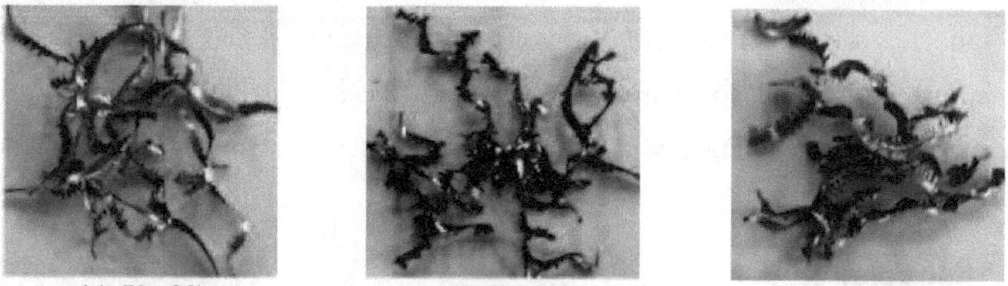

(a) (Vc=30) *(b) (Vc=35)* *(c) (Vc=40)*

Şekil. 5.118 Düzlem Yüzey Frezelemede Talaş Kaldırma İşleminde Oluşan Talaş Şekilleri (ap= 0,50 mm, f= 80 mm/min)

(a) (Vc=30) *(b) (Vc=35)* *(c) (Vc=40)*

Şekil. 5.119. Düzlem Yüzey Frezelemede Talaş Kaldırma İşleminde Oluşan Talaş Şekilleri (ap= 0,75 mm, f= 80 mm/min)

Kobalt esaslı süper alaşımlardan Stellite 6 kaplamalı ve kaplamasız sert maden uçlarla düzlem yüzey simetrik ve asimetrik frezelenerek kesici kenar ve aşınma miktarları karşılaştırılmaktadır. Talaş kaldırma esnasında kesme parametreleri aynı olmak şartıyla kaplamalı ve kaplamasız sert maden uçlarla düzlem yüzey simetrik ve asimetrik frezeleme yöntemlerinin krater ve yan yüzey aşınmaları karşılaştırılmaktadır.

Deneysel çalışmada aynı takım geometriye sahip kaplamasız ve kaplamalı sert maden uçlar kullanılmaktadır. Kesici uçlarla düzlem yüzey simetrik ve asimetrik frezeleme yapılmaktadır. Asimetrik frezeleme yönteminde daha az kesici kenar kullanılmıştır ve aşınma değerleri de simetrik frezelemeye göre daha az olduğu görülmektedir (Şekil 5.111-5.114). Bunun sebebi kesici uçların talaş kaldırma anında takımın talaşa girişinin küçük ve büyük olmasından kaynaklanmaktadır.

Kesme ve ilerleme hızları arttığında kesici kenarlarda aşınmadan ziyade kırılmalar görülmektedir (Şekil 5.115 (e) ve Şekil 5.116 (b)). Bu da kobalt esaslı süper alaşımlar için bir dezavantajdır.

Talaş formu işlenebilirlik açısından özellikle talaş kesiti bir fikir vermektedir. 0,25 mm talaş kesiti 0,50 ve 0,75 mm'ye göre daha uygun çıkmaktadır. 0,50 ve 0,75 mm kesme derinliğinde oluşan talaş formlarının, kesme düzleminde kırılmalar ve çatlamalar meydana gelmektedir. Bu malzemenin sertliğinden kaynaklanmaktadır (Şekil 5.117-5.119).

5.8. Sonuçlar

Bu çalışmada, kobalt esaslı süper alaşımlar kaplamalı ve kaplamasız sert maden uçlarla, düzlem yüzey simetrik ve asimetrik frezeleme durumunda oluşan F_x, F_y ve F_z kesme kuvvetleri ve ortalama yüzey pürüzlülükleri (R_a) deneysel olarak elde edildi. Kesici uçlarda oluşan aşınmalar ve meydana gelen talaş formu genel olarak aşağıdaki gibi belirtilebilir:

1. Düzlem yüzey simetrik ve asimetrik frezeleme yönteminde kesme derinliğine bağlı olarak kesme kuvvetleri artmaktadır (Şekil 5.3-5.11). Daha önce yapılan çalışmalarla [20, 25, 27] uyum sağlanmaktadır. Örnek olarak kesme (V_c= 30 m/min) ve ilerleme hızı (f=100 mm/min) için elde edilen simetrik ve asimetrik kesme kuvvetleri aşağıda verilmektedir (Şekil 5.5):

	Simetrik Frezeleme			Asimetrik Frezeleme		
a_p (mm)	F_z (N)	F_y (N)	F_x (N)	F_z (N)	F_y (N)	F_x (N)
0,25	300	150	150	270	210	175
0,50	425	300	225	375	275	250
0,75	610	385	380	415	300	280

2. İlerleme hızı arttığında kesme kuvvetlerinin arttığı görülmektedir (Şekil 5.14-5.20). İlerleme hızına orantılı olarak kesme kuvvetleri artmaktadır. İlerleme hızı arttığında, talaş kaldırma hızı artmasıyla kesme kuvvetleri artmaktadır. Literatür çalışmaları [19, 20, 25, 33] ile uyum sağlanmaktadır. Örnek olarak kesme derinliği (a_p=0,75 mm) ve kesme hızı (V_c= 40 m/min) için elde edilen simetrik ve asimetrik kesme kuvvetleri aşağıda verilmektedir (Şekil 5.20):

	Simetrik Frezeleme			Asimetrik Frezeleme		
f (mm/min)	F_z (N)	F_y (N)	F_x (N)	F_z (N)	F_y (N)	F_x (N)
60	320	285	200	225	210	230
70	450	300	220	250	250	240
80	475	320	225	350	250	250
90	500	335	250	380	300	300
100	525	350	275	430	320	300

3. Kesme hızının kesme kuvvetleri üzerinde doğrudan etkisi bulunmamaktadır (Şekil 5.21-5.29). Kesme hızı takım aşınmasını hızlandıran bir faktördür [32]. Kesme hızının artması, kesme kuvvetleri ile bazen artmakta bazen de azalmaktadır [19, 20, 25, 38]. Örnek olarak kesme derinliği (a_p=0,50 mm) ve ilerleme hızı (f=60 mm/min) için elde edilen simetrik ve asimetrik kesme kuvvetleri aşağıda verilmektedir (Şekil 5.24):

	Simetrik Frezeleme			Asimetrik Frezeleme		
V_c	F_z (N)	F_y (N)	F_x (N)	F_z (N)	F_y (N)	F_x (N)
30	210	200	190	225	200	200
35	400	200	200	385	225	300
40	320	210	175	400	210	320

4. Düzleme yüzey simetrik frezelemede kesme derinlikleri, ilerleme ve kesme hızları arttığında kesme kuvvetleri asimetrik frezelemeye göre kuvvet değerleri büyük çıkmaktadır (Şekil 5.3-5.29). Bunun sebebi; kavrama açısı ve j parametresi ile açıklanmaktadır [20].
5. Bütün deneyler F_z kesme kuvvetinin F_x ve F_y'den büyük olduğunu göstermektedir (Şekil 5.3-5.29). Bunun nedeni; kobalt esaslı süper alaşımların kopma mukavemetinden kaynaklanmaktadır.
6. Deneylerde düzleme yüzey simetrik frezelemede kaplamalı kesici uçlar daha iyi netice vermektedir. Kesme kuvvetleri daha az çıkmaktadır. Bu da kesicinin daha az zorlandığını göstermektedir (Şekil 5.30-5.56). Kesici takımların aşınma kesme kuvvetlerinin büyük çıkmasına neden olmaktadır [20,32]. Örnek

olarak kesme derinliği (V_c= 40 m/min) ve ilerleme hızı (f=100 mm/min) için elde edilen kesme kuvvetleri aşağıda verilmektedir (Şekil 5.32):

	Kaplamalı Kesici Uç			Kaplamasız Kesici Uç		
a_p (mm)	F_z (N)	F_y (N)	F_x (N)	F_z (N)	F_y (N)	F_x (N)
0,25	315	160	175	300	150	150
0,50	350	180	250	375	310	220
0,75	450	200	320	600	420	385

7. Düzleme yüzey simetrik ve asimetrik frezelemede olduğu gibi kaplamalı ve kaplamasız simetrik frezelemede kesici takımlar yapılan deneylerde kesme derinliği olarak kesme kuvvetleri artmaktadır, ilerleme hızı arttığında kesme kuvvetlerinin arttığı görülmektedir ve kesme hızının kesme kuvvetleri üzerinde doğrudan etkisi bulunmamaktadır (Şekil 5.30-5.56). Bulunan sonuçlar önceki araştırmalarla [19, 20, 25, 33, 38] uyum halindedir.
8. Düzleme yüzey simetrik ve asimetrik frezelemede kesme derinliği arttırıldığında ortalama yüzey pürüzlülüğünde iyileşme görülmektedir (Şekil 5.57-5.65). Aynı kesme şartlarında simetrik frezeleme yöntemi daha iyi sonuç vermektedir. Örnek olarak kesme (V_c= 35 m/min) ve ilerleme hızı (f=80 mm/min) için elde edilen simetrik ve asimetrik ortalama yüzey pürüzlülükleri aşağıda verilmektedir (Şekil 5.61):

a_p (mm)	Simetrik, R_a (μm)	Asimetrik, R_a (μm)
0,25	0,621	0,792
0,50	0,512	0,688
0,75	0,478	0,659

9. İlerleme hızı arttığında ortalama yüzey pürüzlülüğünün arttığı gözlemlenmektedir (Şekil 5.66-5.74). Bulunan sonuçların daha önce yapılan çalışmalar [25, 28, 32, 33] ile uyum halinde olduğu görülmektedir. Aynı kesme şartlarında düzleme yüzey simetrik frezeleme yönteminin daha iyi sonuç verdiği görülmektedir. Örnek olarak kesme derinliği (a_p=0,75 mm) ve ilerleme hızı (V_c=35 m/min) için elde edilen simetrik ve asimetrik ortalama yüzey pürüzlülükleri aşağıda verilmektedir (Şekil 5.73):

f (mm/min)	Simetrik, R_a (μm)	Asimetrik, R_a (μm)
60	0,315	0,484
70	0,352	0,718
80	0,478	0,659
90	0,469	0,651
100	0,494	0,785

10. Genel olarak kesme hızının artmasıyla ortalama yüzey pürüzlülüğünde iyileşme görülmektedir (Şekil 5.75-5.83). Bulunan sonuçların daha önce yapılan çalışmalar [25, 27, 34, 38] ile uyum halinde olduğu görülmektedir. Düzleme yüzey simetrik frezeleme yöntemi daha iyi sonuç vermektedir. Örnek olarak kesme derinliği (a_p=0,25 mm) ve ilerleme hızı (f=100 mm/min) için elde edilen simetrik ve asimetrik ortalama yüzey pürüzlülükleri aşağıda verilmektedir (Şekil 5.77) :

V_c (m/min)	Simetrik, R_a (μm)	Asimetrik, R_a (μm)
30	0,785	0,792
35	0,743	0,785
40	0,586	0,659

11. Düzlem yüzey frezelemede kaplamalı ve kaplamasız kesici uçların ortalama yüzey pürüzlülüklerinde birbirlerine üstünlük sağlanamamaktadır. Ancak kesme derinliği arttırıldığında yüzey pürüzlülüğünde iyileşme, ilerleme hızı arttığında ortalama yüzey pürüzlülüğünün arttığı ve kesme hızının artmasıyla ortalama yüzey pürüzlülüğünde iyileşme olduğu görülmemektedir (Şekil 5.84-5.110).

12. Düzleme yüzey asimetrik frezeleme yönteminde, düzleme yüzey simetrik frezeleme yöntemine göre daha fazla kesici kenar kullanılmış olup aşınma değerleri daha az olmaktadır (Şekil 5. 111-5.114).

13. Kesme ve ilerleme hızları arttığında kesici kenarlarda aşınmalardan ziyade kırılmalar meydana gelmektedir. Bu sebebi tezgahın rijit olmamasından ve titreşimlerden kaynaklandığı sanılmaktadır (Şekil 5.115 (e) ve Şekil 5.116 (b)).

14.0,25 mm kesme derinliğinde yapılan deneyler uygun talaş formu vermektedir [52]. Deneyler 0,50 mm ve 0,75 mm kesme derinliklerinde tekrar yapıldığında uygun talaş formu elde edilemediği görüldü. Kesme düzleminde çatlama ve/veya kırılmalar tespit edildi. Bu da işlenebilirliğe uygun bir talaş formu olmamaktadır (Şekil 5.116-5.118).

Kaynaklar

[1]. Casto; S.L.; Valvo, E.L.; Ruisi, V.E.: "Wear Mechanism of Ceramic Tools", Wear, 160 (**1993**) 227-235.

[2]. Özçatalbaş, Y.: Ercan, F.: "Talaşlı İmalatta İşlenebilirlik ve İşlenebilirliğin Ölçülmesi", Standart, (**1996**) 84-89.

[3]. Çakır, M.: "Zor Malzemelerin İşlenebilirliği", 7.Denizli Malzeme Sempozyumu, (**1997**) 162-169.

[4]. Şahin, Y.; Kayır, Y.: "Son Yıllarda Geliştirilen Seramik Kesiciler ve Kesme Performansı", G.Ü. Tek. Eğt. Fak. Dergisi, 1-2 (**1996**) 83-89.

[5]. Ünal, T.; Akoral, E.: "Sertleştirilmiş Alaşımlı Makine Çeliğin Seramik Kesici Takımlarla İşlenebilirliği ve Takım Ömrü Denklemi Modelinin Oluşturulması", G.Ü. Fen Bil. Dergisi, 16(3), (**2003**) 513-521.

[6] Richards, N.; Aspinwall, D.: "Use of Ceramic Tools for Machining Nickel-Based Alloys", Int. J. Mach. Tools Manuf., 29 (4) (**1989**) 575–588.

[7]. Bradley E. F.: "Superalloys a Technical Guide", (**1988**) ASM International.

[8]. Fu, H.J.; Devor, R.E.; Kapoor, S.G.: "A Mechanistic Model for the Prediction of the Force System in Face Milling Operations", Journal of Engineering for Indusrty, 106 (**1984**) 81-88.

[9]. Targn, Y.S.; Chang, W.S.: "Dynamic NC Simulation of Milling Operations", Computer Aided Design, 25 (12) (**1993**) 775-797.

[10]. Ko, T.J.; Cho, D.W.: "Cutting State Monitoring in Milling by a Neural Network", I. Journal of Machine Tools & Manufacture, 34 (5) (**1994**) 659-676.

[11]. Cheng, P.J.; Tsay, T.J.; Lin, S. C.: "A Study on Instantaneous Cutting Force Coefficients in Face Milling", Int. J. Math. Tools Manufacture, 37 (10) (**1997**) 1393-1406

[12]. Baek, D.K.; Ko T.J.; Kim, H.S.: "A Dynamic Surface Roughness Model for Face Milling", Procession Engineering, 20 (**1997**) 171-178.

[13]. Gatto A.; Iuliano, L.: "Advanced Coated Ceramic Tools for Machining Superalloys", Int. J. Mach. Tools Manufacture. Vol. 37, 5 (**1997**) 591-605.

[14]. Vandierendonck, K.; Stappen, M.V.: Study ff the Performance ff PVD and PCVD Coated Cermets for Different Cutting Applications", Surface and Coatings Technology 97 (**1997**) 218-223.

[15]. Ezugwu, E.O.; Wang, Z.M.: "Titanium Alloys and Their Machinability-A Review", I. Journal of Materials Processing Technology 68 (**1997**) 262-274.

[16]. D'Errico, G.E.; Guglielmi, E.: "A Comparative Study of PVD Coated Cermet Inserts for

Milling Applications", Journal of Materials Processing Technology 78 (**1998**) 48–52.

[17]. Choudhury, I.A.; El-Baradie, M.A.: "Machinability of Nickel-Base Superalloys: A General Review", Journal of Materials Processing Technology 77 (**1998**) 278–284.

[18]. Gu, J.; Barber, G.; Tung, S.; Gu, R.J.: "Tool Life and Wear Mechanism of Uncoated And Coated Milling Insert", WEAR 225-229 (**1999**) 273-284.

[19]. Alauddin, M; Mazid, M.A; El Baradi, M.A; Hashmi, M.S.J.: "Cutting Forces in the End Milling of Inconel 718", Journal of Materials Processing Technology 77 (**1998**) 153–159.

[20]. Diniz, A.E.; Filho, J.C.: "Influence of the Relative Positions of Tool and Workpiece on Tool Life, Tool Wear and Surface in the Face Milling Process, WEAR, 232 (**1999**) 67-75.

[21]. Ezugwu, E.O.; Wang, Z.M.; Machado, A.R.: "The Machinability of Nickel-Based Alloys: A Review", Journal of Materials Processing Technology 86 (**1999**) 1–16.

[22]. Zheng, H.Q.; Li, X.P.; Wong, Y.S.; Nee, A.C.: "Theoretical Modeling and Simulation of Cutting Forces in Face Milling with Cutter Runout", I. Journal of Machine Tools & Manufacture, 39 (**1999**) 2003-2018.

[23]. Chang, C.S.: "A Study of High Efficiency Face Milling Tools", Journal of Materials Processing Technology 100 (**2000**) 12-29.

[24]. Choudhury, S.K.; Rath, S.: "In Process Tool Wear Estimation in Milling Using Cutting Force Model", Journal of Materials Technology 99 (**2000**) 113-118.

[25]. Shunmugam, S.V.; Bhaskara, R.T.; Narendran, T.: "Selection of Optimum Conditions in Multi-Pass Face Milling Using a Genetic Algorithm", I. Journal of Machine & Tools Manufacture, 40 (**2000**) 4014-414.

[26]. Darwish, S.M.: "Machining of Difficult-To-Cut Materials with Bonded Tools", International Journal of Adhesion & Adhesives 20 (**2000**) 279-289.

[27]. Lopez De Lacalle, L.N.; Perez, J.; Lorene, J.I.; Sanchez, J.A.: "Advanced Cutting Conditions for the Milling of Aeronautical Alloys", Journal of Materials Processing Technology 100 (**2000**) 1-11.

[28]. Darwish, S.M.: "The Impact of the Tool Material and the Cutting Parameters on Surface Roughness of Supermet 718 Nickel Superalloy", Journal of Materials Processing Technology 97 (**2000**) 10-18.

[29]. Baek, D.K.; Ko, T.J.; Kim, H.S.: "Optimization of Feedrate in a Face Milling Operation Using a Surface Roughness Model", I. Journal of Machine Tools & Manufacture, 41 (**2001**) 451-462.

[30]. Jawaid, A.; Köksal, S.; Sharif, S.: "Cutting Performance and Wear Characteristics of PVD Coated and Uncoated Carbide Tools in Face Milling Inconel 718 Aerospace Alloy, Journal of Materials Processing Technology 116 (**2001**) 2-9.

[31]. Prengela, H.G.; Jindalb, P.C.; Wendta, K.H., Santhanamb, A.T.; Hegdeb, P.L.; Penichb, R.M.: "A New Class of High Performance PVD Coatings for Carbide Cutting Tools", Surface and Coatings Technology 139 (**2001**) 25-34.

[32]. Baek, D.K.; Ko, T.J.; Kim, H.: "Optimization of Feedrate in a Face Milling Operation Using a Surface Roughness Model", International Journal of Machine Tools & Manufacture 41 (**2001**) 451–462.

[33]. Liu, X.-W.; Cheng, K.; Webb, D.; Luo, X.-C.: "Prediction of Cutting Force Distribution and Its Influence on Dimensional Accuracy in Peripheral Milling", International Journal of Machine Tools & Manufacture 42 (**2002**) 791–800.

[34]. Şeker, U.; Kurt, A.; Çiftçi, İ.: "Design and Construction of A Dynamometer for Measurement of Cutting Forces During Machining with Linear Motion", Materials and Design 23 (**2002**) 355-360.

[35]. Xu, J.H.; Geng, G.S.: "Experimental Study on the Milling of a Ti Beta 21S", Journal of Materials Processing Technology, 129 (**2002**) 190-192.

[36]. Lin, T.R.: "Experimental Design and Performance Analysis of TiN-Coated Carbide Tool in Face Milling Stainless Steel", Journal of Materials Processing Technology 127 (**2002**) 1-7.

[37]. Yang, W.H.; Tarng, Y.S.: "Design Optimization of Cutting Parameters for Turning Operations Based on the Taguchi Method", Journal of Materials Processing Technology 84 (**1998**) 112-129.

[38]. Senthil Kumar, A.; Raja Durai, A.; Sornakumar, T.: "Machinability of hardened steel using alumina based ceramic cutting tools", International Journal of Refractory Metals & Hard Materials 21 (**2003**) 109–117

[39]. Akkurt, M.: "Talaş Kaldırma Yöntemleri ve Takım Tezgahları", Birsen Yayınevi, İstanbul, (**1998**).

[40]. Özcan, E.: "CNC Tezgahlarında Kullanılan Kesici Takımlarda Takım Aşınmasının Kesme Performansına Dinamik Etkileri", Doktora Tezi, Marmara Üniversitesi F.B.E., Makine Eğitimi Bölümü, İstanbul, Türkiye, (**2001**).

[41]. Özgürler, M.: "Kesici Takımlarda Aşınma ve Takım Ömrü", II.Ulusal Üniversite Sanayi İşbirliği Sempozyumu, Erciyes Üniversitesi, Kayseri, Türkiye, (**1988**).

[42]. Çoğun, C.; Özses, B.: "Bilgisayar Sayısal Denetimli Takım Tezgahlarında Değişik İşleme Koşullarının Yüzey Pürüzlülüğüne Etkisi", Gazi Üniversitesi Mühendislik Mimarlık Fakültesi Derneği, 17 (**2002**) 59-75.

[43]. Lou, M.S.; Chen, J.C.; Li Caleb M.: "Surface Roughness Prediction Technique for CNC End-Milling", Journal of Industrial Technology, 15 (**1998**) 1-6.

[44]. Fu, H.J.; Devor, R.E.; Kapoor, S.G.: "A Mechanistic Model for the Prediction of the Force

System in Face Milling Operations", ASME Journal of Engineering for Industry, 106 (**1984**) 81-88.

[45]. Budak, E.; Altıntaş, Y.; Armarego E.J.A.: "Prediction of Milling Force Coefficients from Orthogonal Cutting Data", Transactions of the ASME, 118, (**1996**).

[46]. http://care.ies.lmu.ac.uk/Web_site_bearings/Jordi/final_project /Milling process /Face milling.htm (Erişim Tarihi: Aralık **2003**).

[47]. Akkurt, M.: "Talaş Kaldırma Yöntemleri ve Takım Tezgahları", Birsen Yayınevi, İstanbul, Türkiye, (**1998**) 28-30.

[48]. Yalçın, B.; Özsoy, A.: "Kanal Freze Takımlarına Titanyum Nitrür Kaplama ve Kaplamanın Takım Aşınmasına Etkisinin Deneysel Olarak İncelenmesi", Makine Metal Teknolojisi, İstanbul, 145 (**2002**).

[49]. Kaleli, İ.: "CNC Frezelerde Kesme Kuvvetlerinin CAM Sistemiyle Simülasyonu", Doktora Tezi, Marmara Üniversitesi Fen Bilimleri Enstitüsü Makine Eğitimi Böl., İstanbul, Türkiye, (**1998**).

[50]. Elihu F. B.: "Superalloys a Technical Guide", ASM International, (**1988).**

[51]. Şahin, Y.: "Talaş Kaldırma Prensipleri 1", Nobel Yayın Dağıtım, Ankara, Türkiye (**2000**).

[52]. Altıntaş, Y.: "Manufacturing Automation" Cambridge University Press, USA, (**2000**) 5-6.

[53]. Bezce, C.E.; Elbestawi, M.A.: "A Chip Formation Based Analytic Force Model for Oblique Cutting", International Journal of Machine Tools & Manufacture 42 (**2002**) 529–538

[54]. Özler, L.: "Östenit Manganlı Çeliğin Sıcak Talaşlı İşlenmesinde Kalem Ömrünün Teorik ve Deneysel Olarak Araştırılması", Doktora Tezi, Fırat Üniversitesi, F.B.E., Elazığ, Türkiye, (**1998**) 28-34.

[55]. Yang, J.L.; Chen, J.C: "A Systematic Approach for Identifying Optimum Surface Roughness Performance in End-Milling Operations", Journal of Industrial Technology, 17 (2) (**2001**) 1-8.

[56]. Kluft, W.; Konig, W.; Lutterwelt, C.A.; Yagayama, K.; Tekelharig, A.J.: "Present Knowledge of Chip Form", CIRP, 28 (2) (**1975**) 441-455.

[57]. Pollack, H.W.: "Tool Design", Second Edition, Prentice Hall, Englewood, New Jersey, (**1998).**

[58]. Dan, L.; Mathew, J.: "Tool Wear and Failure Monitoring Techniques for Turning- A Review", International Journal of Machine Tools & Manufacture 30 (**1990**) 579–598

[59]. Murray, J.D.; Mc Alister, A.J.: "Bulletin in Alloy Phase Diagrams", 5 (**1984**) 90.

[60]. Elliot, R.; Atasoy, A.Ö.: "Alüminyum-Silisyum Ötektik Alaşımlarının Kontrollü Katılaşması ve Stronsiyum ile Modifikasyonu", 5. International Metallurgy Congress, ODTÜ Ankara (**1979**) 350.

[61]. Elliot, R.; Atasoy, A.Ö.: "Yönlenmiş olarak Katılaştırılan Al-Si Ötektik Alaşımlarının

Kristalleşme Mekanizması", TÜBİTAK 7. Bilim Kongresi, İzmir (**1980**) 501.

[62]. Zeytin, H.K.: "Silisyum Katkısının CrNiCo Süperalaşımlarının Özelliklerine Etkisi", Doktora Tezi, İTÜ Fen Bilimleri Enstitüsü, İstanbul, Türkiye, (**1998**), 7-19.

[63]. Catalogue and Technical Guide, SECO, Turning, SWEDEN, (**2002**).

[64]. http://www.shieldalloy.com/cobaltpage.html (Erişim tarihi: Kasın **2004**).

[65]. http://www.key-to-metals.com/article54.html (Erişim tarihi: Kasım **2004**).

[66]. Natural, N.; Yamaha, Y.: "High Speed Machining of Inconel 718 with Ceramic Tool", Ann. CIRP 42 (1) (**1993**) 103-103.

[67]. Alauddin, M.; El-Baradie, M.A.; Hashmi, M.S.J.: "End Milling Machinability of Inconel 718", Journal of Engineering Manufacturing, 210 (**1996**) 11-23.

[68]. Richard, N.; Aspinwall, D.: "Use of Ceramic Tools for Machining Nickel-Based Alloy", I. J. Mach. Tools Manufacturing", 29 (4) (**1989**) 575-588.

[69]. Balazinski, M., Songmene, V.: "Improvement of Tool Life through Variable Feed Milling of Inconel 600", Ann. CIRP 1 (**1995**) 55-58.

[70]. Quartz 3-Compenent Dynamometers, Kistler Instrument AG Winterthur, Switzerland.

[71]. ISO 8688-1, "Tool Life Testing in Milling", Part I, Face Milling, 1st. Edition, (**1989**).

Kolibri 360 GmbH
Ferdinand-Jühlke-Straße 7
99095 Erfurt, Deutschland
produktsicherheit@kolibri360.de

Druck:
CPI Druckdienstleistungen GmbH
im Auftrag der
Kolibri 360 GmbH
Ferdinand-Jühlke-Str. 7
99095 Erfurt